DIANZHAN GUOLU SIGUAN XIELOU
FANGZHI SHOUCE

电站锅炉“四管”泄漏防治手册

华电国际电力股份有限公司山东分公司　编

内 容 提 要

本手册全面描述了电站锅炉“四管”典型泄漏现象，按照防磨防爆检查工作人员容易理解的分类方式，将锅炉“四管”泄漏原因分为结构及原材料缺陷、裂纹、过热、异物堵塞、磨损、吹灰器吹损、腐蚀七类。对每一类案例，在现象描述、案例图片展示的基础上，进行了原因分析，并详细阐述了检查方法和手段以及治理和防范措施。

本手册主要供火电企业从事防磨防爆检查的工作人员使用，也可作为电力行业防磨防爆专业技术人员培训用书，亦可作为大专院校相关专业师生参考用书。

图书在版编目（CIP）数据

电站锅炉“四管”泄漏防治手册 / 华电国际电力股份有限公司山东分公司编. —北京：中国电力出版社，2015.4（2022.2重印）

ISBN 978-7-5123-7588-8

Ⅰ. ①电… Ⅱ. ①华… Ⅲ. ①火电厂–锅炉–泄漏–防治–技术手册 Ⅳ. ①TM621.2-62

中国版本图书馆CIP数据核字（2015）第 077915 号

中国电力出版社出版、发行

（北京市东城区北京站西街 19 号 100005 http://www.cepp.sgcc.com.cn）

北京瑞禾彩色印刷有限公司印刷

各地新华书店经售

*

2015 年 4 月第一版 2022 年 2 月北京第二次印刷

850 毫米 × 1168 毫米 32 开本 3.375 印张 71 千字

印数 3001—4000 册 定价 **25.00** 元

《电站锅炉“四管”泄漏防治手册》
编　委　会

主　　任　厉吉文

委　　员　段君寨　邢　涛　刘志全　韩荣利　徐宝福
　　　　　侯德安　张泽光　李宪林　卓德勇　任尚坤
　　　　　孙学军　宋传清　赵　勇

主　　编　张文鹏

副 主 编　刘天佐

编写人员　魏玉忠　于宝洲　宫伟基　杜　峰　孙世党
　　　　　辛志刚　王爱斌　施　磊

前　言

安全生产是电力生产企业的发展之本，提高生产设备可靠性是安全生产的基础。电站锅炉的安全运行对发电机组的安全运行至关重要，而电站锅炉“四管”泄漏（锅炉“四管”是指锅炉水冷壁、过热器、再热器和省煤器，传统意义上的防止锅炉“四管”泄漏是指防止以上部位炉内金属管子的泄漏）又是造成火力发电机组非计划停运的首要因素。

据不完全统计，锅炉“四管”泄漏导致机组非计划停运次数占火力发电机组非计划停运总次数的35%以上，而“四管”泄漏造成的电量损失占其全部非计划停运损失电量的80%以上。由此可见，电站锅炉“四管”泄漏对发电机组的安全、经济运行的影响是非常巨大的。电站锅炉“四管”范围较大，各自的材质和工作条件不同，呈现问题的原因、机理和方式也是多种多样的，涉及设计、制造、安装、调试、运行、检修、维护等不同工序，涉及锅炉、化学、金属、热工等各个专业。另外，已发生泄漏的管子需要治理，没有发生泄漏的管子需要预防，工作琐碎而具体，因此电站锅炉“四管”泄漏问题及对应的防磨防爆工作，具有多样性和复杂性。

华电国际电力股份有限公司山东分公司多年来致力于解决电站锅炉“四管”泄漏难题，在此方面积累了丰富的经验。为加强电站锅炉防磨防爆检查工作，降低承压部件泄漏率，提高生产可靠性，确保机组安全经济运行，特组织技术骨干编制本手册。

本手册汇集了电站锅炉“四管”泄漏的大量典型案例；涵盖了结构及原材料缺陷、裂纹、过热、异物堵塞、磨损、吹灰器吹损和腐蚀七种典型泄漏类型，并逐一进行了原因分析，提出了检查方法和手段、治理和防范措施。本手册的主要特点是从现场实际出发，现象描述通俗，案例选择典型，原因分析透彻，检查方法有效，防范措施实用，便于读者理解学习。

本手册由张文鹏担任主编，由刘天佐担任副主编，由宫伟基负责统稿。其中刘天佐、宫伟基、施磊编写第一章和第二章，魏玉忠编写第三章，张文鹏、杜峰、辛志刚编写第四章，于宝洲编写第五章，王爱斌编写第六章，孙世党编写第七章。

本手册由刘志全主审。山东电力研究院刘富国在百忙中也审阅了书稿，提出了许多宝贵的意见和建议，在此表示由衷的感谢。

限于编者水平和对电厂的认识等因素，书中难免存在不足之处，恳请读者批评指正。

编　者

2015年3月

目 录

第一章　结构及原材料缺陷

电站锅炉“四管”发生的泄漏中，由于结构原因引起的泄漏比较常见，此类缺陷与设计及安装质量有关，检查难度较大；原材料缺陷是指金属材料在初始状态下其自身所存在的原始缺陷，包括材料在加工、制作过程中产生的裂纹、折叠、结疤、压扁、重皮、砂眼等缺陷。

第一节　结构原因引起的拉裂

一、现象描述

金属部件结构不合理，制造和安装焊接工艺不当，受外力作用使金属部件膨胀受阻造成应力集中，或受到热应力、结构应力、残余应力等因素影响，长期运行后，在管子与管子、管子与密封件、管子与刚性梁连接件等部件之间，热胀冷缩不同步，位移不同步，无足够补偿能力，使之长期超过金属允许承载能力。在此情况下，在应力最集中的地方产生开裂后导致泄漏。

从现场已发现的泄漏情况分析，火力发电机组汽水系统最容易发生拉裂的部位主要有：水冷壁冷灰斗管屏突变处，出入口联箱管座及连接附件，炉内受热面穿墙管处，水冷壁、包墙管及顶棚管的鳍片连接末端，省煤器鳍片管，水冷壁及包墙开孔处密封板，炉膛、后竖井四角角焊缝，炉墙与风箱连接处焊缝，管排间夹持块、固定块焊缝等。

二、案例图片

案例1-1 低温再热器定位板拉裂

某600MW机组投入运行2000h后，锅炉低温再热器（如图1-1所示）多次发生管子裂纹泄漏，泄漏点裂纹起源于定位板与管子连接焊缝靠近管子侧，裂纹向管内扩展裂穿，如图1-2所示，检查发现其他多处定位板焊缝也存在类似裂纹。该低温再热器规格为ϕ63.5×4mm，材质为T12，运行温度为450℃，压力为4.7MPa。

图1-1 低温再热器定位板

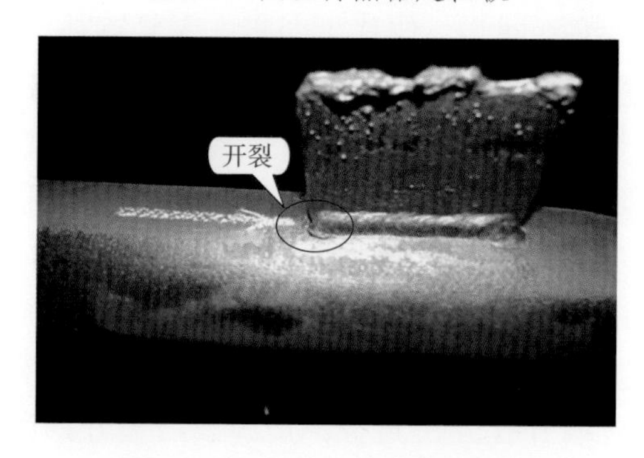

图1-2 低温再热器定位板裂纹

案例1-2 冷灰斗处水冷壁管拉裂泄漏

某 600MW 机组锅炉运行 3.1 万 h 后，因冷灰斗处水冷壁泄漏而停炉，检查发现水冷壁鳍片焊缝开裂延伸到管子上，造成管子拉裂泄漏，如图 1-3 所示，进一步检查发现附近管子鳍片上存在明显的裂纹。该水冷壁规格为 ϕ41.3×6.78mm，材质为 T22，运行温度为 330℃，压力为 28MPa。

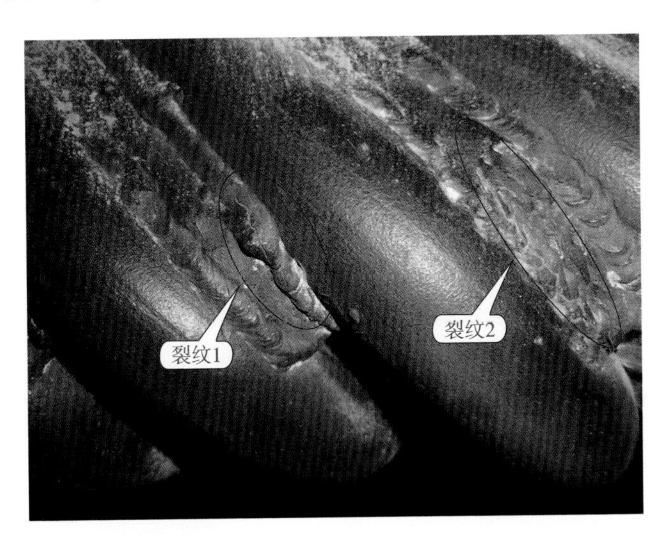

图1-3 冷灰斗处水冷壁管密封拉裂泄漏情况

案例1-3 吹灰器密封盒内部包墙过热器管泄漏

某 600MW 亚临界机组，锅炉后竖井侧包墙吹灰器密封盒内部过热器管泄漏，机组累计运行 10 万 h。该包墙管规格为 ϕ44.5×4.7mm，材质为 SA210A1。原始泄漏点在吹灰器孔右侧包墙第一根直管外壁与密封盒连接焊缝处，有长约 25mm 的环向裂纹和长约 18mm 的纵向裂纹，如图 1-4 和图 1-5 所示。该焊缝为单面焊角焊缝，裂纹源为角焊缝内侧熔合线处。

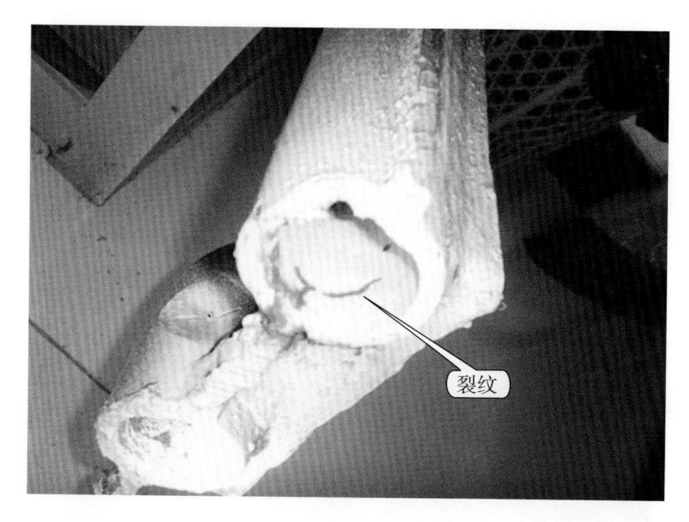

图1-4　包墙管裂纹

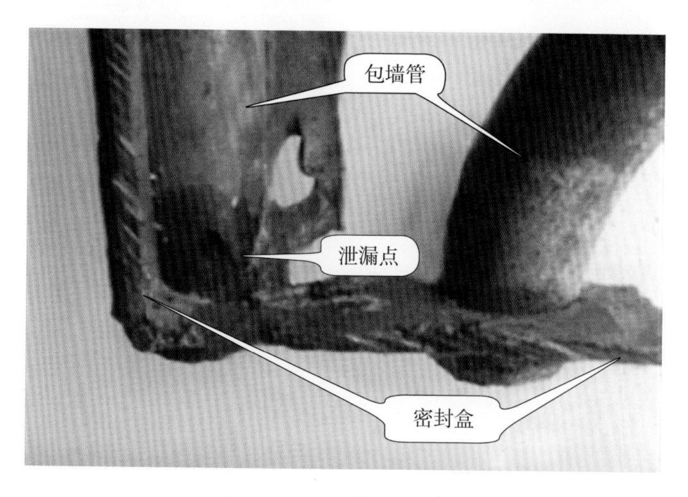

图1-5　包墙管泄漏情况

案例1-4　末级过热器固定块焊缝裂纹

某300MW亚临界机组，锅炉末级过热器管子材质为T91，规格为$\phi 51 \times 8$mm，固定块材质为TP347H，管子与固定块焊接用E9018-B9焊条。因焊材选用不合理，新管排在固定块处开裂，如图1-6所示。

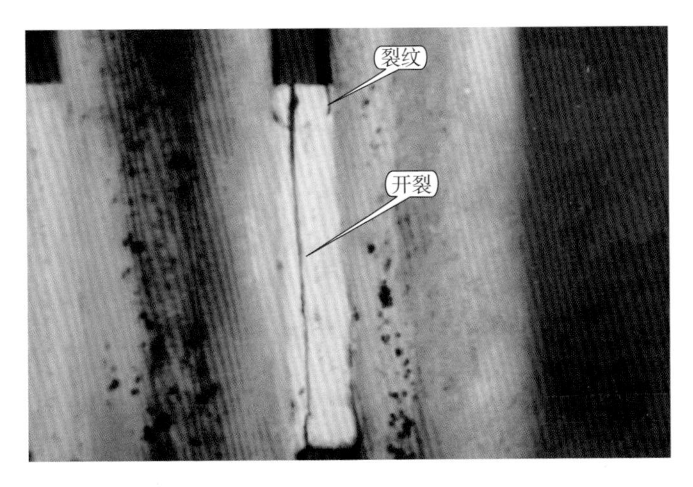

图1-6　末级过热器固定块裂纹

三、原因分析

（1）结构不合理，金属部件之间没有足够的膨胀空间。

（2）制造或安装工艺质量差，各部件连接尺寸有误，对每一部件及组件的相对位置未严格按照图纸要求进行检查和调整。

（3）锅炉启、停炉时不按规程操作，停炉后强制冷却，导致承压部件膨胀不均、受阻及热应力过大拉裂管子。

（4）受热面管鳍片及连接附件焊接工艺不良，焊接质量差，焊缝尺寸不符合要求。

四、检查方法和手段

（1）对新安装锅炉和锅炉受热面进行改造时，应对以下重点部位加强检查：①水冷壁前后墙和左右侧墙的结合区域；②冷灰斗处水冷壁，尤其是结构突变区域；③水冷壁与侧包墙过热器交界处；④后竖井包墙管连接处，受热面管子之间的固定件及连接件；⑤受热面穿顶棚管的密封位置交叉焊缝处；⑥鳍片末端焊缝未圆滑过渡的位置及焊接弧坑。

（2）除上述所列部位外，锅炉检修重点检查部位还应包括炉膛开孔部位、鳍片焊缝、受热面进出口联箱焊缝、管排变形区域鳍片焊缝。

（3）检查方法主要以宏观检查（结合放大镜）为主，检查前必须对检查区域彻底清灰并与管排表面的颜色对比，对宏观检查有怀疑的可进行磁记忆及表面探伤。

（4）水压试验时对以上区域重点检查有无渗漏水现象。

（5）按规程要求做好锅炉启停工作，并做好记录，确保膨胀正常。

五、治理和防范措施

（1）设计阶段严把设计关。加强设计审查，保证金属部件之间结构形式的合理性，应将锅炉的支吊装置、锅炉膨胀死点、膨胀方向、膨胀量考虑清楚，要有自我补偿能力。

（2）在组合和安装时，各部件连接尺寸准确无误，对每一部件及组件的相对位置严格按照图纸要求进行检查和调整。

（3）水冷壁、包墙管与鳍片连接末端采用圆滑过渡，鳍片焊接严格执行工艺要求，保证焊缝尺寸满足要求。管排组对焊接时，严禁强力对口，严格执行焊接工艺纪律。

（4）加强运行管理，严格执行运行操作规程，做好膨胀记录，防止膨胀不畅产生附加应力。

第二节　原材料缺陷

一、现象描述

原材料缺陷是指钢管在轧制时，因质量控制失误而产生的缺陷。管材缺陷对金属的强度有明显的影响，会使金属的抗拉强度大大降低，从而导致管材使用寿命的降低。

二、案例图片

案例1-5　水冷壁管原始缺陷导致泄漏

某锅炉水冷壁在投产试运行期间，炉墙水冷壁管由于存在重皮缺陷发生泄漏，如图1-7所示。

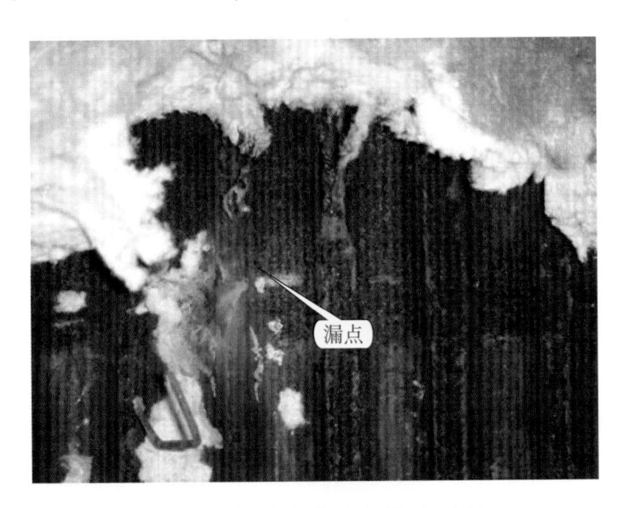

图1-7　水冷壁管重皮导致泄漏

案例1-6　省煤器管原始砂眼缺陷导致泄漏

某锅炉省煤器管存在原始砂眼缺陷，运行过程中该砂眼处发生泄漏，并吹损邻近的其他部位，如图1-8所示。

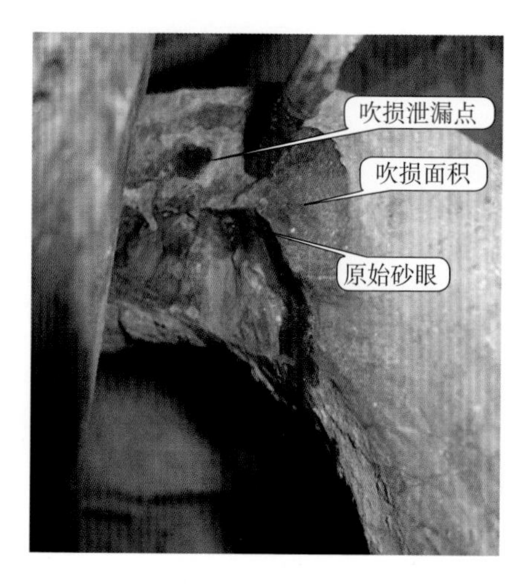

图1-8　省煤器管原始砂眼导致泄漏

案例1-7　再热器新管弯头裂纹

某300MW锅炉过热器因材质老化需更换新管排，新管排在制作安装过程中，管道弯头的内弧表面出现环向裂纹，如图1-9所示。

图1-9　过热器弯管内弯裂纹

三、原因分析

原始缺陷是由于金属材料（钢管、铸件）制造工艺不规范而形成的严重影响其使用性能的缺陷。

四、检查方法和手段

新材料在使用前，应通过宏观检查和超声波、射线、涡流探伤等检测方法，检查新材料表面是否存在重皮、砂眼、裂纹等原始缺陷。

五、治理和防范措施

（1）锅炉安装前应按照《高压锅炉用无缝钢管》（GB 5310—2008）、《火力发电厂金属技术监督规程》（DL/T 438—2009）等标准进行入厂检验，并做好记录。

（2）锅炉受热面管的连接焊缝，均应进行100%射线或超声波探伤，应有焊接质量检验报告，至少应包括焊接工艺评定试验报告、焊工合格证、焊接试样试验报告、焊缝返修报告、无损检测报告、水压试验报告。

（3）锅炉受热面管组装前，应在安装工地进行监督检验，检验应有记录。应重点检查设备设计和制造竣工等方面的综合资料、图纸和外观质量、外形尺寸，检验项目以材质检验、外观检查和壁厚测量为主，结合硬度测试、金相检验和无损检测。

（4）受热面管子应无锈蚀及明显变形，无裂纹、重皮及砂眼等缺陷。

（5）受热面管的安装必须符合合同规定的技术条件，执行《电力建设施工技术规范 第2部分：锅炉机组》（DL 5190.2—2012）、《火力发电厂焊接技术规程》（DL/T 869—2012）等有关规程、规范和标准的规定。

第二章 裂 纹

裂纹是材料在应力或环境（或两者同时）作用下产生的裂隙，分微观裂纹和宏观裂纹。裂纹的出现和扩展，使材料的机械性能明显变差，裂纹扩展到一定程度，即造成材料的断裂。裂纹可分为焊接过程中产生的焊接裂纹、热疲劳裂纹、应力和温度联合作用下的蠕变裂纹、应力和化学介质联合作用下的应力腐蚀裂纹四种。本章重点介绍焊接裂纹和热疲劳裂纹。

第一节 焊 接 裂 纹

一、现象描述

焊接裂纹是在焊接过程中产生的危害性缺陷，是金属原子结合遭到破坏而形成的缝隙。开裂部位主要发生在焊缝、熔合区、热影响区。裂纹方向可能是纵向，也可能是横向。

二、案例图片

案例2-1 水冷壁管焊缝裂纹

某600MW超临界机组，在锅炉检修更换水冷壁管焊缝探伤检验时，发现焊缝存在两条裂纹，如图2-1所示。该水冷壁规格为ϕ41.3×6.78mm，材质为T22。

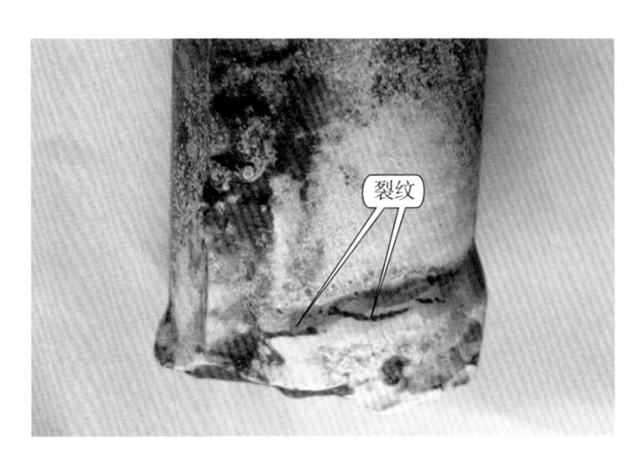

图2-1 水冷壁管打磨后渗透检验裂纹形貌

案例2-2 T92与HR3C异种钢焊接裂纹

某1000MW机组，在试运行期间发生高温过热器泄漏，泄漏位置位于T92-HR3C异种钢焊口的T92侧熔合线，经检验发现其他多处焊缝存在类似裂纹，如图2-2和图2-3所示。

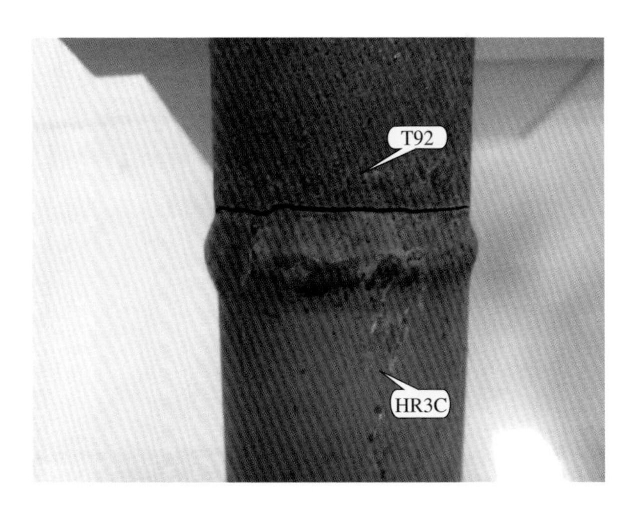

图2-2 异种钢接头裂纹形态

图2-3　接头断口形态

案例2-3　12Cr1MoV与T91接头打底处出现裂纹

某电厂300MW亚临界机组，锅炉屏式过热器改造时，12Cr1MoV与T91焊接，根部打底结束后，发现多根管子存在收弧裂纹，如图2-4所示。该屏式过热器规格为ϕ54×8.5mm，压力为17.6MPa。

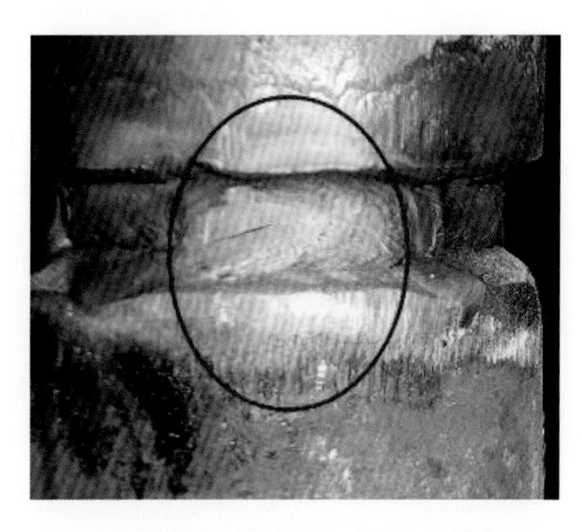

图2-4　12Cr1MoV与T91接头根层焊接裂纹形貌

案例2-4 12Cr1MoV与TP304H焊接裂纹

某300MW亚临界机组，后屏过热器改造后运行2万h，TP304H与12Cr1MoV接头焊缝熔合线处发生断裂，如图2-5所示。该后屏过热器规格为ϕ51×8mm，压力为17.1MPa。

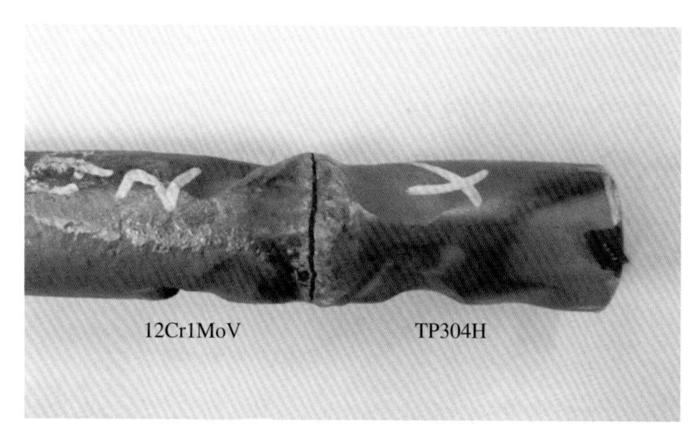

图2-5 后屏过热器异种钢接头裂纹形貌

三、原因分析

（1）由于坡口形式、母材、焊接材料、焊接参数、热处理工艺和焊工技术水平等因素的影响，在焊接过程中产生了裂纹、未焊透、未熔合、咬边、夹渣、气孔等缺陷。这些缺陷存在于金属基体中，使基体性能弱化，当产生应力集中现象时，在应力作用下，以上缺陷逐渐发展，导致基体开裂。

（2）焊接过程中强力对口，内壁充氩保护失效，导致打底层氧化，也是造成焊接裂纹的一个重要因素。

（3）异种钢材焊接时，接头处因两种金属的蠕变强度不匹配，或者膨胀系数差别太大，造成应力集中，这是异种金属焊接早期失效的主要原因。

（4）机组运行一定时间后，异种钢材焊接接头在焊接熔合区容易形成碳迁移，导致组织过早老化，聚集的碳化物会在熔合区形成一条性能较差的薄弱带，这也是异种钢焊接接头的一种典型失效方式。

（5）在低温或有风的情况下焊接防护不当，焊缝冷却速度过快，也容易产生焊接裂纹。

四、检查方法和手段

（1）检修期间加强受热面焊缝的检查。

（2）掌握本单位锅炉受热面异种钢材接头所分布的部件和位置，按照金属监督的要求，检修时加强宏观检查，按照规程要求进行探伤或取样检验。

五、治理和防范措施

（1）承压部件焊接时，应根据焊接工艺评定编写焊接工艺和技术措施并严格执行，中高合金钢焊接做好内部充氩保护。加强施焊人员和热处理人员的资质检查，焊工必须模拟现场位置代样合格后才能进行焊接；加强焊工自检，注意发现并消除焊接过程中的缺陷，对检修焊口焊后按照规程要求进行100%探伤检查。

（2）对小径管发现的裂纹，必须进行割管重新焊接，不允许挖补，按照焊接工艺严格进行焊接工作，并经焊后检验合格。

（3）机组安装和检修过程中尽量避免工地异种钢材接头，特别是尽量避免马氏体—珠光体、马氏体—奥氏体、奥氏体—珠光体的组合。确实无法避免时，应尽量使异种钢材焊接接头位于低应力区，并尽可能炉外焊接。异种钢材焊接的焊工必须具有相应两种钢材焊接的异种钢材焊接合格证件。

（4）加强焊接的全过程管理，按照工艺评定制定焊接工艺，注重焊接准备、焊接、热处理、焊后检验各个环节；加强金属监督，防止错用钢材及焊接材料，对受热面检修焊口 100% 检验。

第二节 热疲劳裂纹

一、现象描述

热疲劳是锅炉管在交变热应力作用下产生的疲劳损伤，多发生在锅炉启停、间断性蒸汽停滞或急冷引起水侧金属周期性冷却、汽膜反复出现消失等情况下。由于其自身特点，热疲劳裂纹较难以检查和发现。

热疲劳引起的断裂是脆性断裂，热疲劳裂纹的尺寸一般较小，需要将表面的氧化皮清除后才能看到，即使发生了泄漏的管子，破口也仅呈缝隙状，很少有张开的破口。在断裂部位附近只有少量的或不明显的塑性变形，无明显的胀粗及管壁减薄现象，管子的外壁通常有较厚的氧化层。

燃烧、冷却不良的位置，如火焰中心区域周围水冷壁管段、省煤器、过热器和再热器上热膨胀系数相差较大的铁素体钢与奥氏体钢焊接接头，均可能发生热疲劳破坏。

根据裂纹产生处应力大小、材料性质与发生时间的不同，热疲劳裂纹可能呈两种不同的形态：一种裂纹平行地呈丛状，若在管子中，裂纹有轴向和环向两种；另一种热疲劳裂纹是网状龟裂，是由两个方向的热应力或约束所导致的，在接管或圆孔处的热疲劳裂纹呈辐射状。

二、案例图片

案例2-5 水冷壁热疲劳裂纹

某660MW超超临界参数变压直流锅炉，水冷壁采用内螺纹管垂直上升式焊接膜式壁，材质为15CrMo，规格为ϕ28.6×6.4mm。水冷壁在前墙标高48m处焊缝开裂，检查发现附近21根管子有横向裂纹。该机组从开始运行到爆管时为止共启停16次，运行时间为8685h。

对管样进行宏观检查，爆口的水冷壁管表面有明显的结垢，背火侧无结垢，在向火侧表面分布大量平行横向条纹，如图2-6所示。离爆口较远的水冷壁管向火侧表面无结垢，在向火侧外壁有大量的横向微裂纹，如图2-7所示，裂纹走向由外壁向内壁直线扩展，裂纹长短不一，有较明显的热疲劳裂纹特征，背火侧无此类现象。

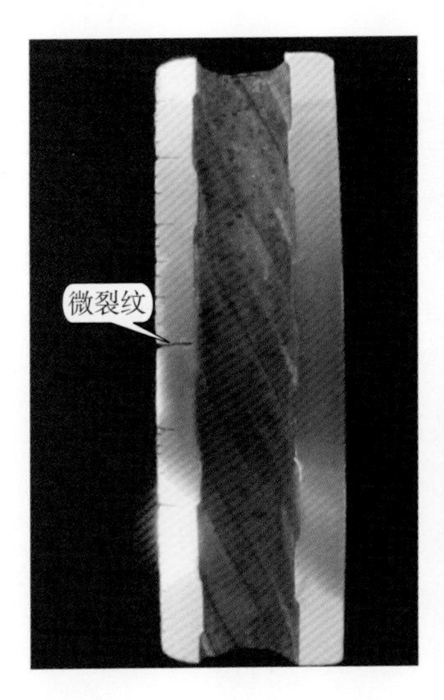

图2-6 爆口管大量裂纹

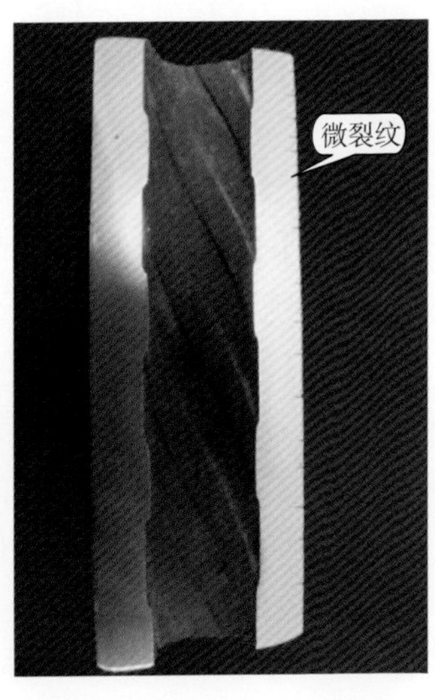

图2-7 离爆口较远管裂纹

案例2-6 吹灰蒸汽带水造成水冷壁管热应力疲劳裂纹

某350MW亚临界机组，运行时间约为4万h，由于吹灰时蒸汽带水，凝结水被吹到水冷壁管表面，造成水冷壁管表面急剧冷却，从而形成温度急剧交变，产生热应力，造成热疲劳，水冷壁管吹损表面产生周向和径向裂纹，如图2-8和图2-9所示。该水冷壁管规格为ϕ76.2×9.2mm，材质为SA210C。

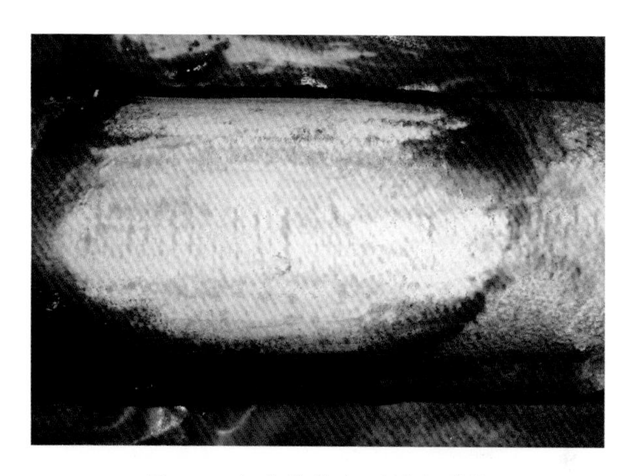

图2-8 水冷壁管表面周向裂纹

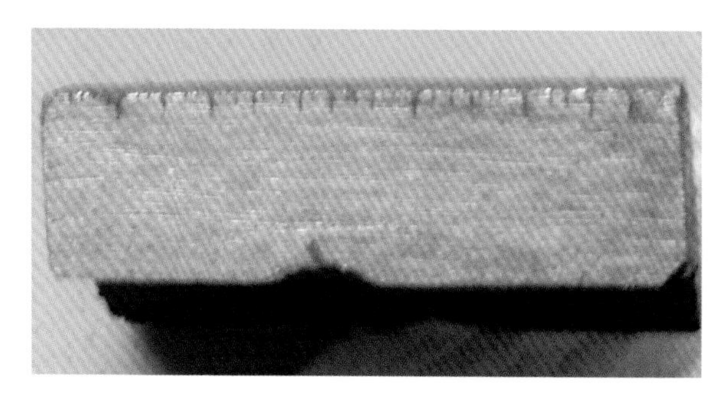

图2-9 水冷壁管表面径向裂纹

案例2-7 放空气管管座疲劳裂纹

某电厂600MW机组，再热热段蒸汽管道上的放空气管管座角焊缝出现裂纹。在裂纹打磨处理过程中，清除掉旧的角焊缝，对管孔焊接坡口进行表面探伤时，发现热段再热蒸汽管道的管孔内壁上有裂纹。未打磨前，是多条平行于小孔轴的纵向裂纹，经初始打磨后，发现裂纹较深，靠近管内壁区域出现网状裂纹，如图2-10所示。该放空气管材质为12Cr1MoV，规格为$\phi38\times4$mm，运行时间为6万h。

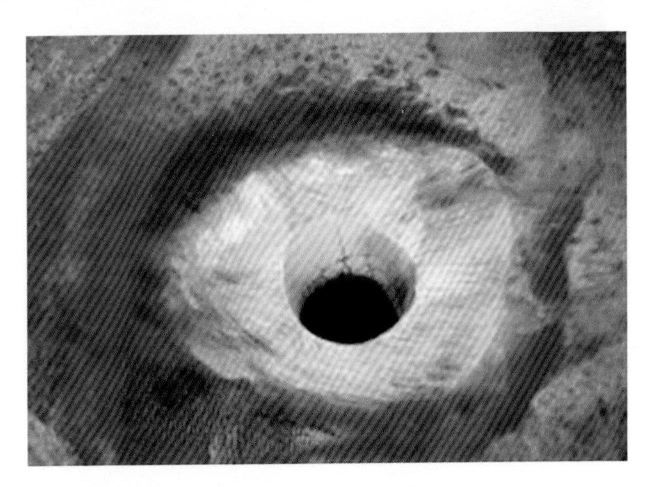

图2-10 再热热段蒸汽管道的管孔内壁裂纹

三、原因分析

（1）当锅炉运行工况发生变化时，由于汽水管道工质状态的变化，造成某一区段温度大幅下降或升高，形成了热疲劳破坏的外部条件，直接导致波动幅度较大的蒸发段区域（水汽交变频繁区域）疲劳开裂，内外壁均存在开裂的倾向，外壁开裂后，腐蚀性烟气会导致裂纹开裂加速。

（2）水冲击产生温差热应力，如减温水喷射雾化不好时，减温器套筒出口部位、盲管与主管连接部位易产生疲劳裂纹。

四、检查方法和手段

（1）检修期间，应对放空气管、疏水管、盲端等打开保温，打磨后进行外观检查并按规定进行探伤。

（2）直流锅炉检修期间，应对水冷壁汽水分界线发生波动的部位检查，采用宏观检查和表面探伤，定期取样。

五、治理和防范措施

（1）放空气管等小管露天布置长度应尽量短且应设置好支吊架，尽量采取回热、伴热措施。

（2）调整运行工况时，应减小因锅炉工况变化引起的压力和温度的变化幅度。

（3）检修时，加强对放空气管、疏水管座等内外壁的检查，加强对此类管道的保温检查和维护。

（4）尽量减少盲管和盲板。

（5）发现管道内壁热疲劳裂纹时，可采取局部更换问题管段的办法处理；发现管座处裂纹时，可采取扩孔挖除严重裂纹部位或重新设计变径加强管座等办法处理。

第三章 过 热

过热是锅炉“四管”承受的温度超过其许用温度造成的材质老化。由于过热导致的泄漏属于应力断裂失效范畴，可分为长期过热和短期过热。

第一节 长 期 过 热

一、现象描述

长期过热爆管是锅炉受热面管在超温幅度不太大的情况下，管子金属在应力作用下发生蠕变直至破裂的过程。长期过热失效也可称为高温蠕变失效，管壁温度长期处于设计温度以上而低于材料的下临界温度，发生碳化物球化，管壁氧化减薄，持久强度下降，蠕变速率加快，直至最终爆管。长期过热爆管易发生在过热器、再热器和水冷壁管。

长期过热爆管的典型特征包括：①一般爆口较小，呈鼓包状，典型的厚唇形爆破；②管径存在胀粗，管壁减薄量较小，断口呈颗粒状，爆口周围存在纵向开裂的氧化皮；③典型的沿晶蠕变断裂，在主断口附近有许多平行的沿晶小裂纹和晶界空洞，晶界有明显的碳化物聚集特征。

二、案例图片

案例3-1 由于长期超温导致高温过热器下弯头爆管

某电厂 WGZ65/39-9 型四角喷燃固态排渣炉，运行 16

万h后，高温过热器管（材质为12Cr1MoVG）下弯头发生爆管。爆口的宏观形貌具有典型的长期过热爆管特征，如图3-1所示。观察爆口附近的金相组织，靠近外壁的珠光体已明显球化，在爆口周围的较大范围内存在蠕变孔洞和微裂纹。

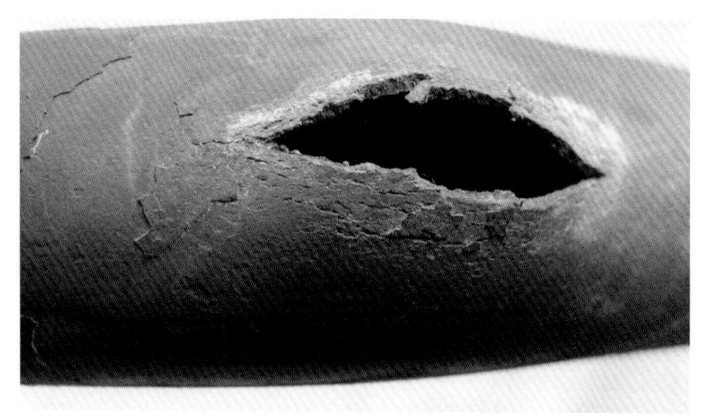

图3-1 高温过热器下弯头长期过热爆管形貌

案例3-2 由于工质流量减少造成水冷壁长期过热爆管

某电厂由俄罗斯制造的500MW超临界机组经常在250MW负荷下运行，锅炉下辐射区前后墙31～33m标高范围内的水冷壁管先后多次发生超温爆管。爆管部位管材珠光体球化全部达到4级以上，机械性能变差，爆口的宏观形貌具有典型的长期过热爆管特征，如图3-2所示。爆管区域热负荷最大，锅炉长期低负荷运行及介质流量分布设计不均等因素，导致水冷壁管内的工质流量减少，对管壁的冷却效果减弱，造成管壁长时间超温运行，金属管材机械性能下降，最终导致爆管。

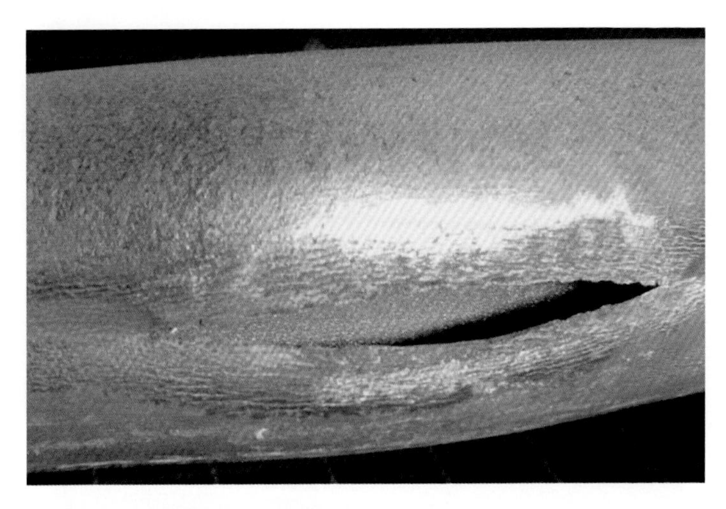

图3-2　水冷壁长期过热爆口宏观形貌

案例3-3　由于改造不合理引起低温再热器长期超温过热泄漏

某电厂200MW机组，大修期间对低温再热器管进行改造，新更换低温再热器管材质为12Cr1MoV，规格为ϕ42×3.5mm。改造后低温再热器管三年内多次发生爆管，爆口形貌如图3-3所示。从低温再热器管改造到第一次爆管的实际运行时间仅为12367h，爆口附近管子内外壁均已形成明显的氧化皮。分析原因为机组改造时设计考虑不周，为提高再热器出口蒸汽温度，增加低温再热器受热面积不当，使局部低温再热器管壁温度大幅增加，达到620～650℃，远超出12Cr1MoVG钢的允许温度，最终导致过热爆管。

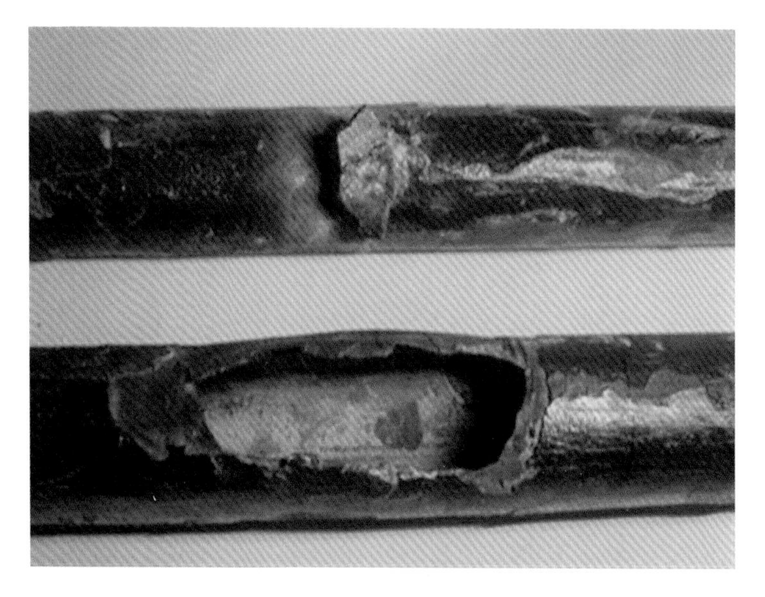

图3-3 低温再热器爆口形貌

案例3-4 高温过热器出口（大包内）弯头频繁泄漏

某电厂300MW等级机组，在机组累计运行约8万h后，大包内弯头部位多次出现泄漏，高温过热器出口大包内管段规格为 $\phi 51 \times 8$mm，材质为12Cr1MoV。该高温过热器出口管布置如图3-4所示。

爆口特征：宏观管壁呈蓝灰色，氧化皮较厚，端口粗糙，无明显减薄，爆口周围存在纵向开裂的氧化皮；珠光体球化4级或完全球化，产生裂纹。其金相组织如图3-5所示。分析原因为12Cr1MoV使用在555℃的高温过热器出口段裕度偏小，运行中部分管段超过设计温度，造成高温过热器超温爆管。

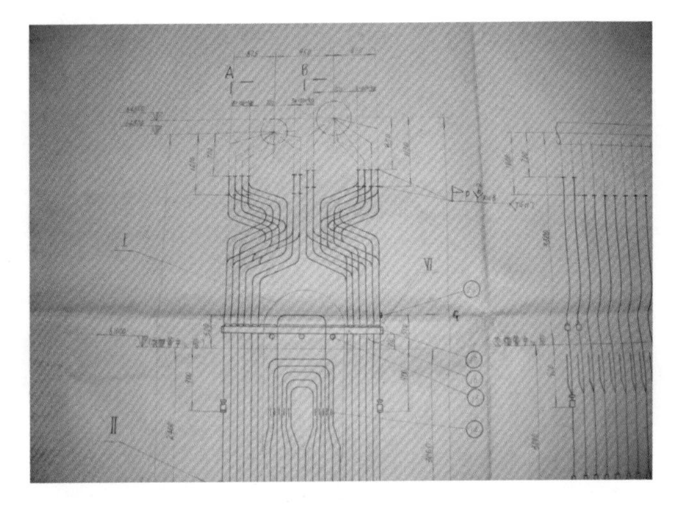

图3-4 高温过热器出口管布置图

图3-5 高温过热器出口金相组织（400倍）

案例3-5 高温再热器管长期超温过热频繁泄漏

某电厂300MW亚临界机组，高温再热器出口蒸汽温度为555℃，高温再热器管规格为$\phi 60\times 4$mm，材质为钢研102。高温再热器管设计温度为605℃，超出钢研102钢的实际运行所能允许的温度。在机组累计运行10万h后，高温再热器下弯头部位多次泄漏，如图3-6所示。

图3-6 高温再热器下弯头泄漏

三、原因分析

产生长期超温过热爆管的原因很多，锅炉设计、制造、安装、运行、检修各个环节出现问题，都有可能造成受热面管长期超温过热爆管。

（1）锅炉设计不合理：①炉膛烟温偏差大，吸热不均，汽水流量分配不均，导致受热面管局部温度偏高；②壁温报警值设置偏高，导致部分管段长期处于超温状态；③设计时选材不合理，高估了一些材料（如T91、T92、T23、钢研102）的最高使用温度，使受热面管非正常劣化。

（2）制造、安装原因：①管材以劣代优，错用钢材；②管子内部清洁度检查不到位，留有异物堵塞管道；③节流孔加工、管道焊接工艺不良，导致管道通流面积减少。

（3）运行原因：①燃煤偏离设计煤种，燃烧调整不到位，造成炉内局部热负荷不均；②汽水品质不良引起管子内壁结垢、节流孔结垢、氧化皮脱落堵塞等导致传热效果差；③运行工况不合理，锅炉启停时操作不当，超参数（温度、压力）运行。

（4）检修原因：①标准执行不到位，检验、检测数据不准确，割管取样位置选择不当，不能全面掌握材质劣化趋势；②受热面管检修、更换质量控制不好，如错用管材、清洁度检查不到位、焊接质量不良；③受热面改造考虑不周，随意增大吸热面积，选材不合理；④受热面壁温测点检查不到位，固定不牢固，保温效果差，导致测量值不准确。

四、检查方法和手段

（1）运行期间检查：①严格监视壁温、汽温、压力测点不超参数运行；②检查减温水投量、炉膛内烟温偏差是否在设计范围内；③检查机组启停升降温速度、减温水投量分配是否符合运行规程要求；④检查低负荷状态机组参数变化。

（2）检修宏观检查：①检查炉膛内及出口段大包内管屏变形、颜色变化、鼓包、胀粗情况；②检查弯头部位外壁氧化及有无细微裂纹情况；③检查壁温测点是否牢固，保温效果是否良好。重点检查的部位有：过热器再热器管屏下弯头、管屏外三圈及内圈、顶棚下2～3m高温区，大包内出口段弯头和异种钢材接头，高热负荷区域水冷壁向火面。

（3）检修检测：①胀粗测量，高温区定点测量，运行监控壁温偏高区域，下弯头、大包内出口段重点检查；②内部异物检测、氧化皮检测（参见第四章“异物堵塞”）；③内外壁氧化皮厚度测量，下弯头外弧（外三圈）壁厚减薄情况测量，必要时测量内壁氧化皮厚度。

（4）检修割管检查：①在工作环境恶劣处，定点割管进行理化检验和性能试验，掌握受热面管材老化趋势；②对发现存在异常（运行超温、胀粗等）的管段割管进行内外壁宏观检查、氧化层厚度测量、理化检验和性能试验，必要时结合内外壁氧化皮厚度测量进行寿命评估。

（5）泄漏管检查：①对爆管进行宏观检查、理化检验和性能试验，分析管子失效原因；②对泄漏管段上下游全面检查，割管分析劣化程度；③对相邻区域及相同部件进行全面检查。

五、治理和防范措施

防止受热面长期超温过热应从设计、制造、安装、运行、检修、改造全过程监管控制，避免管材非正常劣化，延长受热面管使用寿命；及时检查发现劣化管段并进行更换，提高受热面管安全可靠性。

（1）设计方面：①保证锅炉燃烧系统、汽水系统设计合理，避免因炉膛烟温偏差大、吸热不均、汽水流量分配不均导致受热面管局部温度偏高；②正确设置壁温报警值，避免因报警值设置过高导致部分管段长期处于超温状态，对超（超）临界机组锅炉适当增加壁温测点数量，合理布置安装位置，确保数据的准确性和代表性；③合理选材，避免低材高用导致受热面管早期劣化。

（2）制造、安装监督：①通过光谱分析验证，理化检验、性能分析、宏观检测等手段，进行材料监督，避免管材以劣代优，错用钢材；②通过制造、安装监检、现场旁站监督等手段，严控制造安装工艺质量，避免人为造成管道内部异物堵塞管道。

（3）运行监控：①做好掺配掺烧，避免燃烧调整不良造成炉内局部热负荷不均；②加强汽水品质控制，避免因汽水品质不良导致内壁结垢、节流孔结垢等；③严格执行机组超参数（壁温、汽温、压力）运行考核办法，严禁长期、大范围超参数运行，减少短期、小范围超参数次数；④锅炉启停时严格执行运行规程，避免操作不当导致受热面水塞、干烧、氧化皮脱落堵塞等。

（4）检修、改造监督：①对受热面改造应进行严谨的论证，合理变更受热面积，合理选材；②严格按照《火力发电厂金属技术监督规程》（DL/T 438—2009）等规程、标准要求，进行受热面监督检验；③正确选择割管取样位置，重视对高温受热面大包内出口管段的检验、检测，全面掌握材质劣化趋势；④对受热面检修、更换全过程质量控制，避免错用管材、清洁度不达标、焊接质量不良等现象的发生；⑤认真进行受热面壁温测点固定、保温效果检查，确保测量值的准确性；⑥重视对泄漏点上下游管段、相邻区域管屏及相同部件的全面检查，避免问题处理不彻底，重复出现泄漏。

第二节　短期超温爆管

一、现象描述

短期超温爆管是指受热面管内因工质流量减少或火焰

灼烧等因素的影响，在短期间内管壁温度过高导致的爆管。因异物堵塞、氧化皮堆积造成的短期超温爆管参见第四章“异物堵塞”。

短期超温爆管的典型特征包括：①管径有明显的胀粗，管壁减薄呈刀刃状，一般爆口较大，呈喇叭状；②典型薄唇形爆破，断口微观为韧窝特征；③爆口处材质组织性能与其他部位差异大；④爆破口周围管材的硬度显著升高，常发生在过热器、再热器、水冷壁的向火面。

二、案例图片

案例3-6 高温过热器检修换管错用材质导致爆管

某电厂300MW亚临界机组，机组检修时进行锅炉高温过热器管取样，管材材质为钢研102，更换新管时错用成20G，运行2000h后发生爆管，如图3-7所示。

图3-7 高温过热器错用材料后断裂

案例3-7 省煤器悬吊管短期超温过热泄漏

某 1000MW 超超临界机组，设计压力为 26.15MPa，设计温度为 605/603℃。累计运行 2 万 h 后，锅炉后竖井省煤器悬吊管泄漏，如图 3-8 所示。泄漏位置在顶棚下 3m，省煤器悬吊管规格为 ϕ54×8.6mm，材质为 SA210C。低温再热器入口（省煤器悬吊管泄漏区域）烟气温度为 651℃。检查发现，上游管段因吹灰器吹损泄漏，造成管道内工质流量减少，下游管段冷却不足超温，性能急剧下降，承载能力降低，导致爆管。

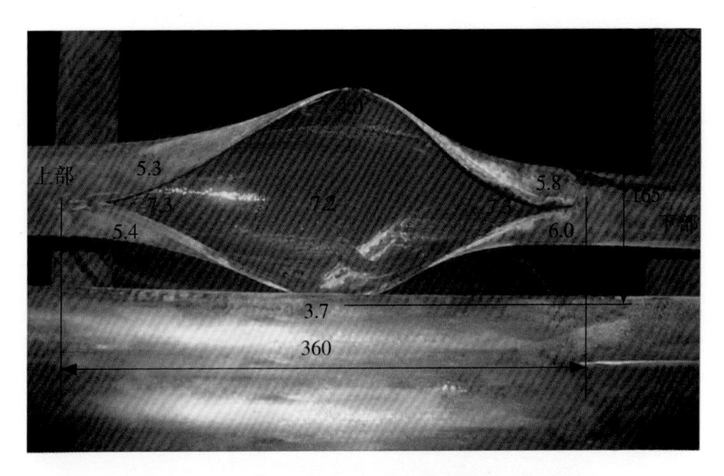

图3-8 省煤器向火面爆口形貌（单位：mm）

注：爆口长度为360mm，宽度为165mm，边缘最薄达3.7mm，其他部位厚度见图示。

案例3-8 分隔屏过热器超温过热泄漏

某电厂 600MW 亚临界机组，运行 5 万 h 后，两台锅炉分隔屏过热器先后发生泄漏。爆口有相同的特点：位置几乎相同，宏观形貌相似，都是胀粗明显，管壁减薄，爆破口处呈尖锐的喇叭形，边缘锋利，爆破口附近有氧化铁层且较厚，具有韧性断裂的特征，兼有短期爆管和长期爆管特征，如图 3-9 和图 3-10 所示。该分隔屏过热器管规格为 $\phi 50.8 \times 11$mm，材质为 SA213-T22。

两次泄漏的主要原因是：入口节流孔处结垢或异物堵塞，机组在低负荷时分隔屏过热器管内蒸汽流量偏差加剧，部分管段蒸汽流量偏低，管子得不到足够的冷却，低负荷时存在局部过热，导致爆管。

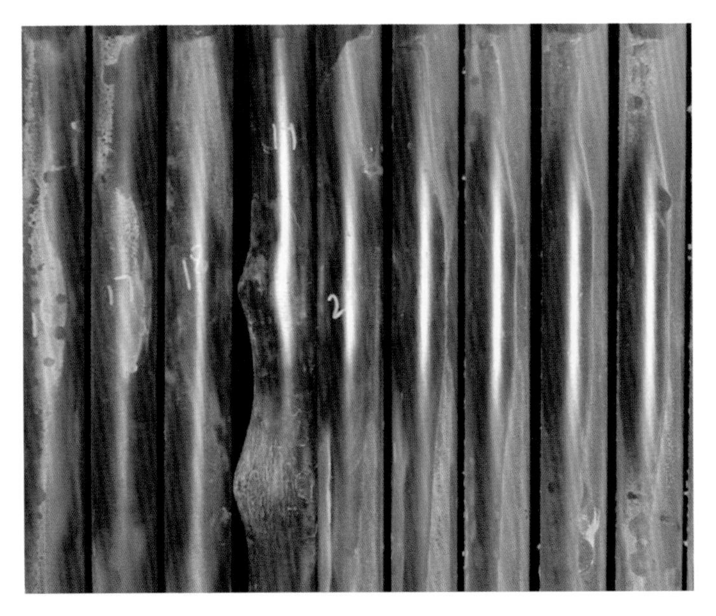

图3-9 分隔屏过热器泄漏形貌（一）

图3-10　分隔屏过热器泄漏形貌（二）

三、原因分析

造成受热面管短期超温过热爆管的原因主要有以下几种：

（1）水塞。

（2）管内工质流量减少，炉膛内部局部热负荷过高。

（3）管子内结垢或节流孔处堵塞。

（4）爆管处上游有小的漏点，爆口管段因工质流量减少得不到有效冷却导致超温爆管等。

（5）错用钢材，低材高用，随着温度升高，许用应力迅速降低，强度不足而使管子爆破。

四、检查方法和手段

（1）运行期间检查：①严格监视壁温、汽温、压力测点不超参数运行，发现参数突变时应查明原因；②检查炉膛内烟温偏差是否在设计范围内；③检查机组启停升降温速度、减温水投量分配是否符合运行规程要求；④现场巡检及时发现泄漏，避免上下游及周围管段损伤面积扩大。

（2）检修宏观检查：检查炉膛内受热面及大包内出口段管屏有无变形、颜色变化、鼓包、胀粗等情况。重点检查部位包括高温过热器、高温再热器管屏下弯头、管屏外三圈及内圈、顶棚下 2 ~ 3m 高温区、大包内出口段弯头和异种钢材接头。

（3）检修检测、测量：①测量胀粗，定点测量高温区，运行监控壁温偏高区域、下弯头、大包内出口段重点检查；②对发现存在异常（运行超温、胀粗、变色等）的管段，割管进行内外壁宏观检查、氧化层厚度测量、理化和机械性能试验。

（4）泄漏检查：①对爆管进行宏观检查、金相检查、硬度检验和拉伸试验，分析管子失效原因；②对泄漏管段上下游进行全面检查，割管分析劣化程度，特别要查找爆口的上游是否还有小的漏点，不得遗漏；③对相邻区域及相同部件进行全面检查。

五、治理和防范措施

防止受热面短期超温过热爆管，应从避免工质流量急速变化、避免炉内烟温偏差过大入手，认真做好机组检修检验和质量控制。

（1）严格执行机组超参数（壁温、汽温、压力）运行考核办法：①严禁长期、大范围超参数运行，减少短期、小范围超参数次数；②锅炉启停时，严格执行运行规程，避免操作不当导致受热面水塞、干烧等。对超（超）临界机组锅炉，应适当增加壁温测点数量，合理布置安装位置，确保数据的准确性和代表性。

（2）做好掺配掺烧：①避免燃煤大范围偏离设计煤种、燃烧调整不到位造成炉内局部热负荷不均；②加强汽水品质控制，避免因汽水品质不良导致内壁结垢、节流孔结垢、氧化皮脱落堵塞等。

（3）受热面管检修、更换全过程质量控制：①避免错用管材、清洁度检查不到位、焊接质量不良等现象的发生；②重视对泄漏点上下游管段、相邻区域管屏及相同部件的全面检查，避免问题处理不彻底，重复出现泄漏。

第四章 异 物 堵 塞

汽水管道和联箱内因异物堵塞，会造成受热面管内工质流量下降，引起管子超温过热爆管。按异物形成阶段的不同，可分为基建异物、检修遗留异物和自身产生异物。基建异物主要是由于制造、安装过程中执行防异物工艺措施不当产生的；检修遗留异物主要是在检修过程中，未严格执行封堵措施和检修工艺措施，进入汽水系统内的异物；自身产生异物主要是由内部构件脱落、运行操作不当、汽水品质不良、氧化皮脱落等原因产生的。

第一节 基 建 异 物

一、现象描述

锅炉受热面在制造、运输、安装等过程中因各种原因导致管内进入异物，机组运行后蒸汽流动，会导致异物的位置发生变化，在机组负荷变化和启停时，内部异物会吸附在集箱的管口或受热面弯管等位置，导致该管子蒸汽流量减少从而过热爆管。超（超）临界参数锅炉节流孔处更容易堵塞，主要发生在过热器、再热器和水冷壁管道内。

二、案例图片

案例4-1 高温再热器入口联箱内基建异物堵塞管孔造成爆管

某超超临界机组，过热器出口蒸汽压力为26.25MPa，过热器出口蒸汽温度为605℃，累计运行2.8万h后，高温再热器出口大包内管段爆破泄漏。该管子规格为ϕ50.8×4.2mm，材质为SA-213T91。管子胀粗明显，爆破口不大，管子外表面有较厚的氧化皮，呈长期过热特征，相邻的T91-HR3C焊口在T91侧熔合线处断裂，如图4-1所示。检查发现泄漏管对应的高温再热器入口联箱内有一根长约700mm的钢管，如图4-2所示。

图4-1　高温再热器出口管子爆口和异种钢焊口断开形貌

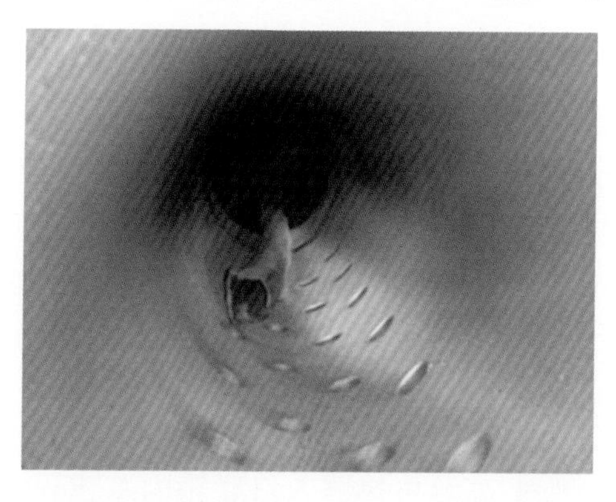

图4-2　对应高温再热器入口联箱内遗留钢管堵塞管口

案例4-2 屏式过热器入口联箱内管孔堵塞造成爆管

某超超临界机组运行2.8万h后，屏式过热器大包内出口管段泄漏，管子规格为ϕ44.5×8.1mm，材质为SA-213T92。泄漏管外表面有较厚氧化皮，爆口处鼓包，开口40mm×3mm，自异种钢接头到出口分配集箱管子胀粗明显，外表有较厚的氧化皮，管子呈长期过热状，如图4-3所示。检查发现对应屏式过热器入口联箱内管孔堵塞，堵塞物为基建遗留的焊渣和“眼镜片”，如图4-4和图4-5所示。

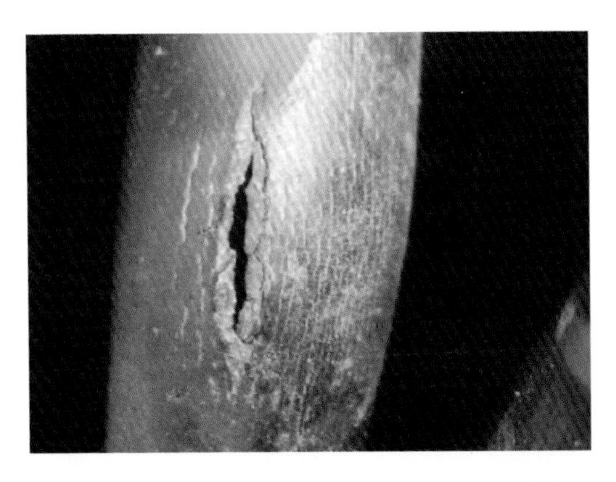

图4-3 屏式过热器出口段弯头爆口形貌

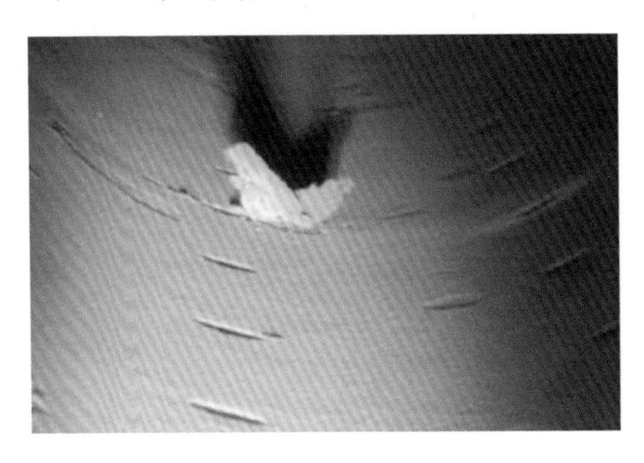

图4-4 异物堵塞屏式过热器管孔

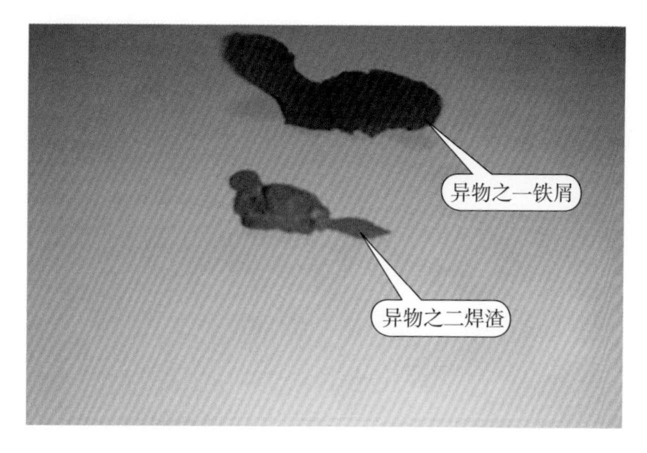

图4-5　屏式过热器联箱内取出的异物

案例4-3　分隔屏过热器入口联箱管孔堵塞

某600MW亚临界机组，过热器出口蒸汽压力为18.1MPa，过热器出口蒸汽温度为541℃，运行11万h。检修时用内窥镜检查发现节流孔有铁屑堵塞，如图4-6所示。割开分隔屏入口连接管，从节流孔和联箱内取出异物，铁屑宽度为3.5mm，厚度为0.3mm，如图4-7所示，堵塞管孔对应的出口段管子轻微胀粗。

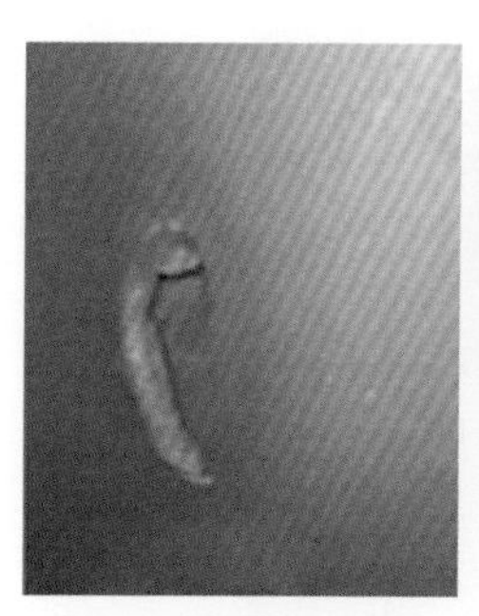
第7根

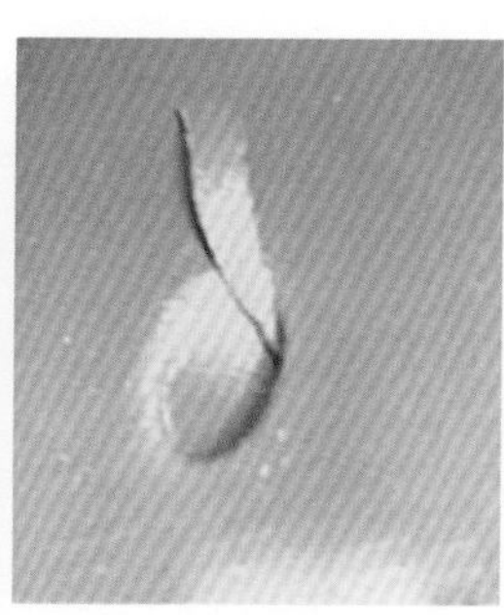
第19根

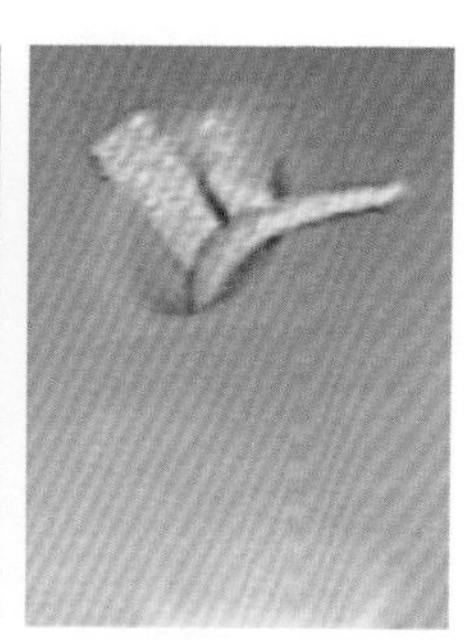
第27根

图4-6　分隔屏过热器节流孔处用内窥镜观察到的异物

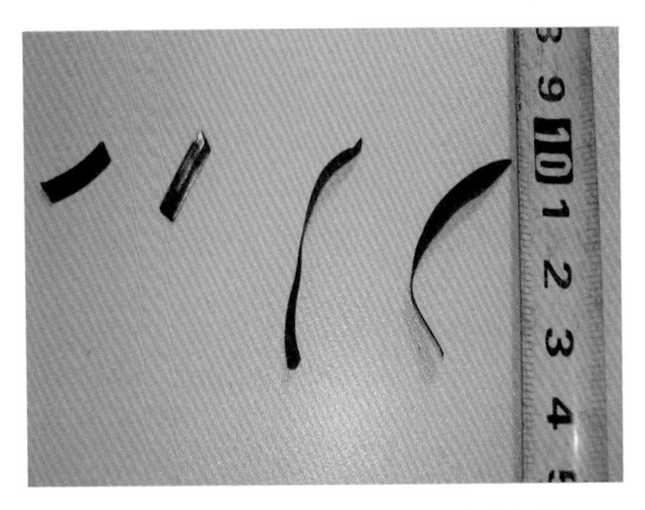

图4-7 分隔屏过热器节流孔处取出的异物

三、原因分析

机组基建施工过程中，施工单位未做好防异物管理，管道和联箱组装焊接对口前未彻底清理内部遗留物，致使焊渣、“眼镜片”、钢管、焊条头等杂物遗留在汽水管道及联箱内，堵塞部分管道口或节流孔，致使蒸汽流量不足，运行后造成锅炉受热面管过热，导致爆管。

四、检查方法和手段

（1）宏观检查。检查受热面管外壁有无氧化皮脱落、鼓包、胀粗现象。重点检查部位包括弯头部位、高温区管段（顶棚下 2 ~ 3m）、出口大包内管段及异种钢接头。

（2）受热面管胀粗测量。测量高温区管段及出口大包内管段有无胀粗超标，对数据偏大的应仔细分析原因。

（3）内窥镜检查。割除无节流孔的管段，用内窥镜检查联箱、节流孔处有无异物。

五、治理和防范措施

（1）在汽水系统安装、检修时，应做好防止异物进入的措施。

（2）利用机组停运机会，用内窥镜或其他方法对联箱内部及节流孔部位进行检查，发现异物及时进行清理。

（3）受热面组合前，应对所有受热面管道进行 100% 通球检查，对集箱内部进行 100% 清理检查，去除设备带的毛刺、“眼镜片”等，防止制造和安装残留物堵塞管道。

（4）通球后应及时封堵管口，严禁将各种物件（如焊丝、焊条、锉刀、磨头等）放入管道内。

（5）锅炉调试吹管后应进行防异物专项检查，主要对锅炉的水冷壁、高温过热器、屏式过热器和高温再热器入口联箱进行割管检查，清理联箱内的杂物。

第二节　检 修 遗 留 异 物

一、现象描述

机组检修时，由于检修工艺不良、防异物管理措施执行不好，造成异物进入锅炉受热面汽水系统中，堵塞受热面管导致过热泄漏。异物堵塞主要发生在过热器、再热器和水冷壁管上弯管、缩口等处。

二、案例图片

案例4-4 末级再热器管因焊接封堵工艺不当导致短时过热泄漏

某 670MW 超临界机组，锅炉型号为 SG-2102/25.4/571，再热蒸汽出口温度为 569℃，再热蒸汽压力为 4.41MPa，检修期间进行了末级再热器升级改造，机组满负荷运行后发生泄漏。管子胀粗明显，爆口呈短时过热状，如图 4-8 所示。分析原因为管道更换焊接时，内部封堵不规范，塞入大量水溶性差的填充物，填充物在出口管缩颈处堆积，最终导致管道堵塞过热爆管。

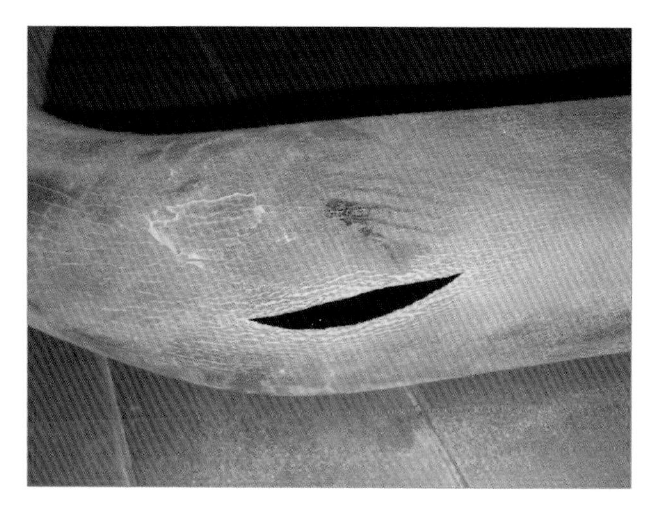

图4-8　再热器管爆口形貌

案例4-5　后屏过热器因检修时遗留杂物堵塞导致爆管

某 680MW 超超临界机组，在试运行期间，锅炉后屏过热器出口管爆口泄漏，爆口附近管段胀粗明显，断口为开放性断裂，壁厚无明显减薄，呈长时过热状。爆口管段晶粒变化明显，晶粒呈现不规则变形，部分晶粒严重粗大，局部晶界已经破坏，为超温状况下金属组织发生的相变所致。金相组织如图 4-9 所示。检查发现对应入口联箱引出管节流孔处有铁块等杂物，如图 4-10 和图 4-11 所示。

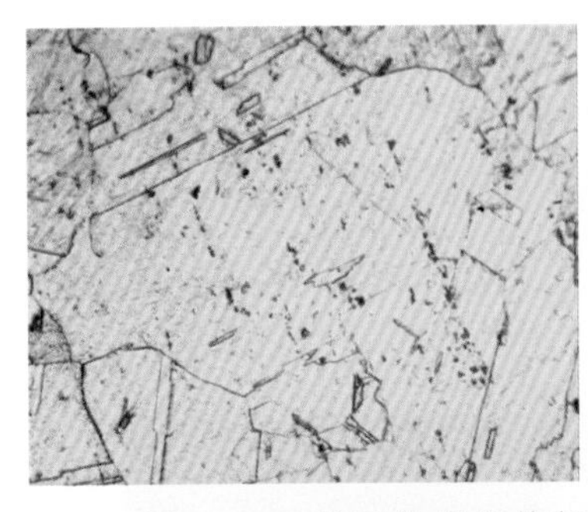
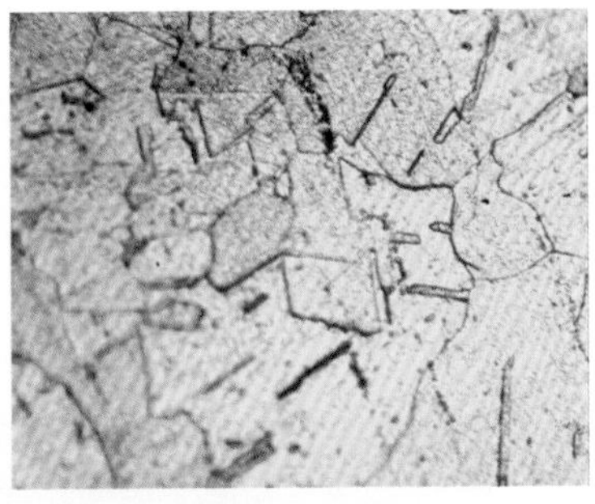

图4-9 后屏过热器爆管断口边缘金相组织（400倍）

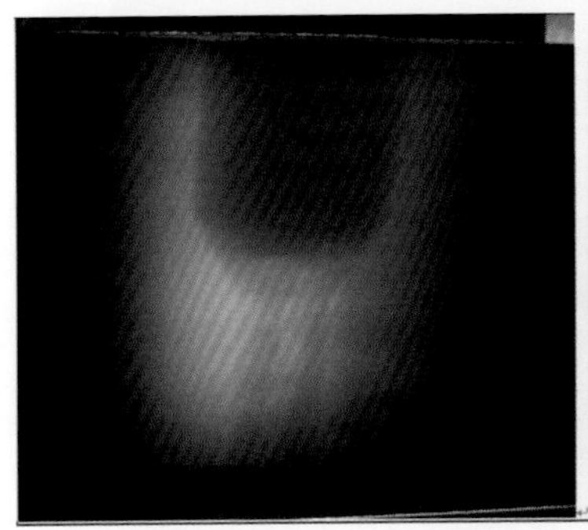
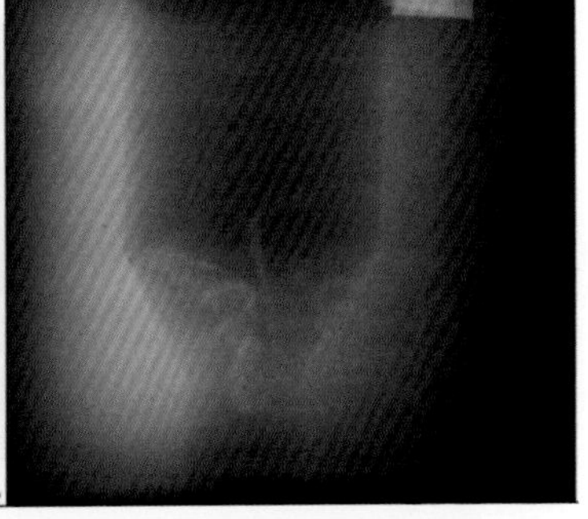

图4-10 后屏过热器用射线检查到的异物

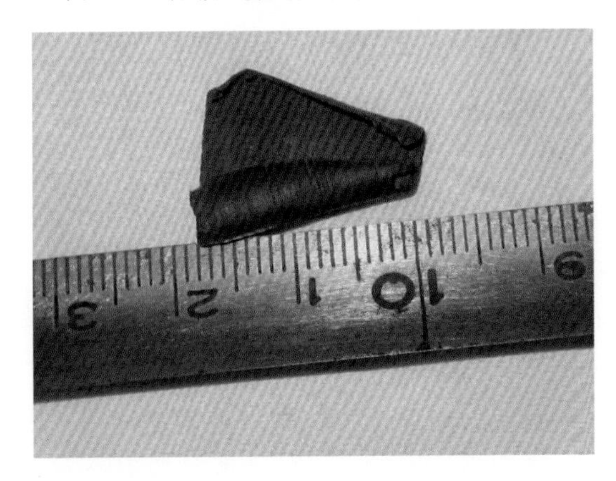

图4-11 后屏过热器从管内取出的异物

三、原因分析

机组检修中产生的异物堵塞管子爆管主要有以下几个方面的原因:

（1）检修工艺不良。①管道焊接内部封堵不规范，没有使用焊接专用水溶纸，且填充量大而密实堵塞管路；②焊接质量差，内部产生焊瘤，减少管子通流面积；③受热面管打底层焊接方法、工艺选择不当，致使焊渣、焊丝头进入管子内部。

（2）机组检修时，防异物进入措施执行不到位，通球、封堵、检查清理控制失效，异物进入管道内，致使异物堵塞管道引起爆管。

（3）锅炉受热面管泄漏停炉后，由于负压作用，炉灰、耐火料等有可能从破口处吸入管子内，如检查不到位，不能及时发现、清理，会造成管子堵塞再次爆管泄漏。

四、检查方法和手段

（1）宏观检查。检查受热面管外壁有无氧化皮脱落、鼓包、胀粗现象。

（2）胀粗测量。测量管子在壁温高负荷区有无胀粗超标，对数据偏大的认真分析原因。

（3）内窥镜检查。割除无节流孔的管段，用内窥镜检查联箱、节流孔处有无异物。

（4）受热面管泄漏后检查。受热面管泄漏后，认真检查泄漏管内部有无异物存在，检查、清理后及时封堵。

五、治理和防范措施

（1）加强机组检修焊接工艺及质量控制：①受热面管焊接内部封堵选用焊接专用水溶纸，在保证封堵效果的前提下应尽可能减少用纸量；②受热面管打底层焊接禁止使用手工电弧焊方法，控制内部成型符合标准要求，避免产生焊瘤；③受热面割管尽可能采用机械切割方法进行，如采用火焰切割，切割后应及时清理内部焊渣。

（2）检修中做好防异物控制：①受热面割管后及时封堵，坡口制作时，应采取有效措施，提前将管口封好，防止铁屑进入管子内部；②新管更换前应进行内部清洁度检查和通球试验，发现异常时，用内窥镜或其他方法进行检查并彻底清理。抢修时应做好管内部异物检查。

第三节　自身产生异物

一、现象描述

由于汽水品质不良、节流孔板结构形状、运行控制等原因，在节流孔处产生垢物，联箱、管道检修残留粉末状碎屑加剧了垢物的聚集长大，使通流面积减小，从而导致水冷壁的超温爆管。

锅炉点火启动初期，负荷较低时，减温水量过大，减温器喷水孔故障，减温水雾化不良等，均会造成对流过热器、再热器下部U形管束内积水。锅炉负荷较低，蒸汽在管内流速低，进出口联箱压差很小，由此导致较长时间存在水塞现象。

汽水管道内结构件（如减温器内部固定块、喷管等）在运行中脱落，脱落构件进入联箱内堵塞管孔；运行中受热面管内部产生的氧化皮脱落，造成管内汽流不畅，也容易导致超温爆管。

二、案例图片

案例4-6 节流孔结垢堵塞导致水冷壁管泄漏

某1000MW超超临界机组为了降低热偏差，在水冷壁入口集箱上部接管装焊不同内径的节流孔板，节流孔径为7.0～14mm，机组投运约1万h，水冷壁先后发生多次管壁超温甚至过热爆管。爆口呈短时过热的形貌，割除节流孔管段检查，发现节流孔板处存在聚集结垢现象，严重的已堵塞通流面积的50%以上，如图4-12所示。

图4-12　水冷壁节流孔结垢堵塞形貌

案例4-7 减温器附件脱落导致高温过热器爆管

某新建600MW超临界机组，锅炉运行约3000h后，高温过热器发生爆漏。该爆口管子规格为$\phi 45 \times 7.8$mm，材质为SA-213TP347/SA-213T91。爆口管及邻近管子颜色发生变化，胀粗较为明显，如图4-13所示。爆口发生在异种钢焊口上方的T91材质段，呈短时超温特征，检查发现高温过热器入口联箱管孔堵塞，堵塞物为过热器减温器脱落的扁钢垫板，如图4-14所示。

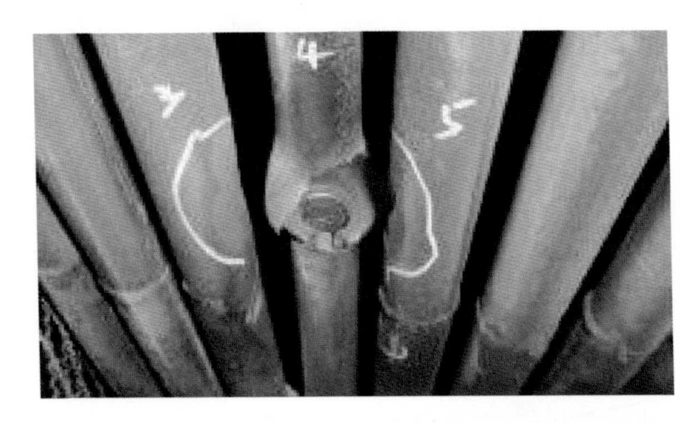

图4-13　高温过热器爆口形貌

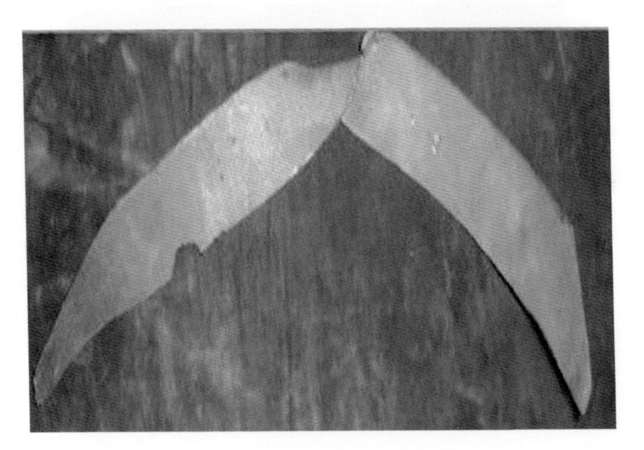

图4-14　减温器内取出的扁钢

三、原因分析

（1）汽水系统中 Fe 含量均值的变化，造成磁性氧化铁 Fe_3O_4 沉积，由于节流孔板设计结构原因，在水冷壁节流孔处易于聚集。

（2）机组启动过程中，锅炉蒸汽温度上升过快，导致投减温水过早，不正确地大量使用减温水，二级减温后蒸汽温度达不到饱和度要求，形成水塞。水塞阻滞气流正常通过，造成受热面管泄漏。

（3）汽水管道内结构件固定不牢或损坏。如减温器设计制造存在质量隐患，焊接强度不足，在运行过程中，由于联箱内蒸汽冲击，扁钢垫板固焊点强度下降，导致扁钢垫板脱落堵塞在管中，进而造成高温过热器爆管。

四、检查方法和手段

（1）利用机组停运的机会，对水冷壁出口段进行宏观检查，发现管子有蠕胀和鼓包等现象，应及时进行更换，查清造成异常的原因。割除水冷壁节流孔管段，检查清理垢物。采用射线检验的方法及时发现垢物的聚结程度，尽早处理可有效避免管子的超温爆管。

（2）机组启动初期，控制减温水量，做好壁温监视。

（3）减温器及其他内部构件检查。应用内窥镜检查减温器内部构件，对减温器筒体及封头进行探伤检查。

五、治理和防范措施

（1）加强运行中铁离子的监控，控制和减缓氧化铁离子的生成是防止结垢聚结的前提。投产前进行化学冷态和热态清洗。当节流孔垢物沉积到一定程度时，需要采用化学酸洗法溶解垢物，清除沉积在节流孔板上和集箱底部的氧化铁。对水冷壁出口壁温监控，锅炉左右侧墙加装温度测点。制作表面光洁度高的奥氏体不锈钢孔圈。加强检修过程工艺控制，避免异物、粉碎性物进入和残留在系统管道内，防止其在垢物处被吸附聚集。

（2）机组启动初期，禁止大量投用减温水。启动初期，为防止锅炉U形管式过热器、再热器因水塞导致爆管，对能形成水塞的管段，采用吸、截、冲、烧、烘五字措施，有效防止因水塞造成的受热面泄漏。发现水塞后，运行人员应监视受热面金属壁温，防止管束超温。发现超温，严禁采用增加燃料烘干法消除水塞，防止管束超温爆管。

（3）加强汽水管道内部构件检查，重点检查减温器、流量测量装置、温度测量装置内部构件的完整性。

第四节 氧 化 皮

一、现象描述

锅炉高温受热面管子内壁氧化是普遍存在的现象，氧化皮的生成速率主要与炉管的材质、运行壁温和汽水品质有关，当管壁温度超过管材的抗氧化温度时，其氧化皮生成速率会大大加快。氧化皮厚度达到一定程度后，在交变热应力等因素的诱发下，容易剥落，并堆积在下部弯头处，造成炉管的蒸汽通流截面积减小，甚至会将管子完全堵塞，炉管因冷却不足导致过热，管壁机械强度显著降低，进而发生胀粗、爆管、泄漏。

易产生氧化皮脱落的材质主要有 T23、T91、TP347H、TP304H、钢研 102 等。

二、案例图片

案例4-8 T23材料管子氧化皮脱落导致爆管

某 600MW 等级超临界机组，机组运行约 7000h。高温过热器入口端 T23 材料内壁氧化皮脱落堵塞导致爆管，如图 4-15 和图 4-16 所示。该高温过热器入口管规格为 $\phi 38.1\times 8$mm，材质为 T23。

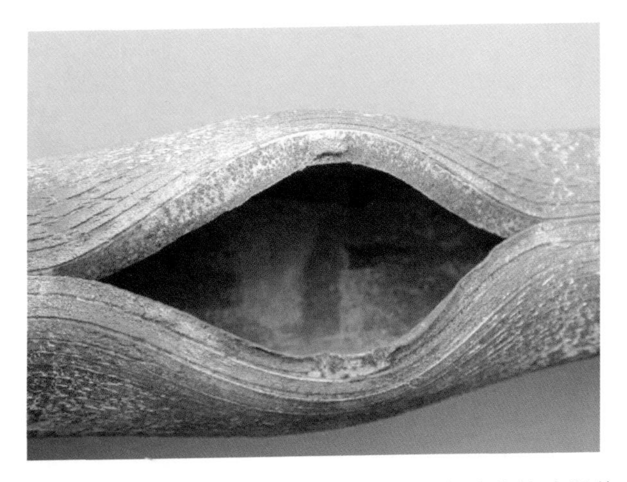

图4-15 高温过热器T23材料管子氧化皮脱落导致爆管

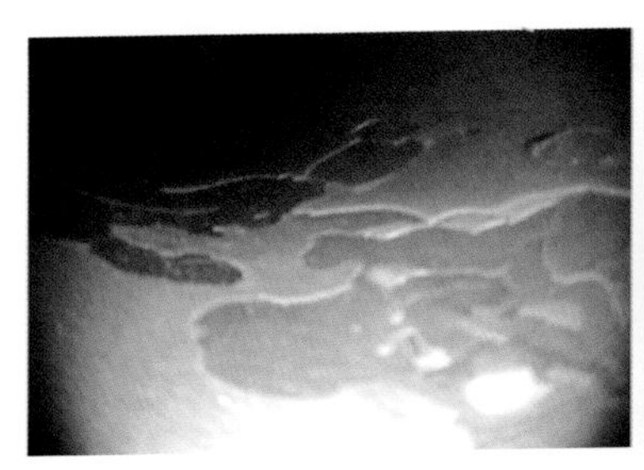

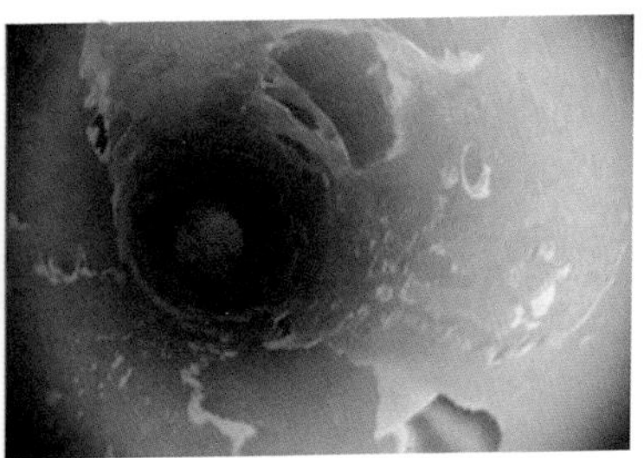

图4-16 高温过热器T23管内壁氧化皮大量脱落

案例4-9 T91材料管子氧化皮脱落导致爆管

某600MW等级超临界机组，锅炉型号为SG-2102/25.4/571，主蒸汽温度为571℃，主蒸汽压力为25.4MPa，机组运行约2.5万h。高温过热器T91材料内壁氧化皮脱落堵塞导致爆管，如图4-17所示。氧化皮如图4-18～图4-20所示。该高温过热器管规格为ϕ38.1×8mm，材质为T91。

图4-17　高温过热器T91材料管子氧化皮脱落导致爆管

图4-18　T91割管管内的氧化皮

图4-19 射线检验T91管弯头的氧化皮堵塞情况

图4-20 大块的氧化皮

案例4-10 TP347H、TP304H材料管子氧化皮脱落导致爆管

某600MW等级超临界机组，锅炉型号为SG-2102/25.4/571，主蒸汽温度为571℃，主蒸汽压力为25.4MPa，再热蒸汽出口温度为569℃，再热蒸汽压力为4.41MPa，机组运行约3万h。高温过热器TP347H材料内壁氧化皮脱落堵塞导致爆管，如图4-21和图4-22所示。该高温过热器管规格为ϕ38.1×8mm，材质为TP347H。

图4-21　TP347H材料管子氧化皮脱落并堆积在出口弯头处

图4-22　TP347H材料管子氧化皮脱落在出口弯头处堆积

案例4-11　钢研102材料管子氧化皮脱落导致爆管

某330MW亚临界机组，锅炉型号为DG1025/18.2－II4，设计压力为18.2MPa，设计温度为541℃，累计运行 10.5 万 h，高温过热器管内部氧化皮堆积堵塞导致爆管，如图 4-23 和图 4-24 所示。该高温过热器管规格为 $\phi 51 \times 8$mm，材质为钢研 102。

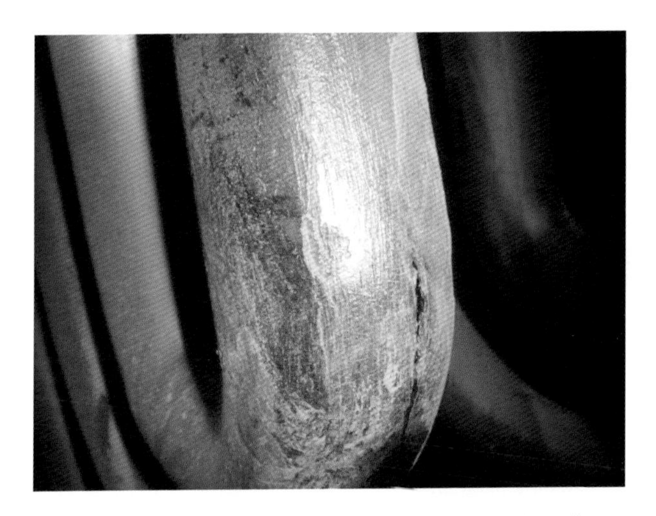

图4-23　钢研102材料管子氧化皮脱落导致爆管

图4-24　钢研102材料管子内脱落的氧化皮

三、原因分析

（1）氧化皮的形成。

随着机组蒸汽参数越来越高，高温蒸汽与金属管壁内表面发生过热反应生成氧化皮是不可避免的。在氧化过程中，金属的氧化是通过氧离子和金属离子的扩散来进行的。在高温水蒸气环境下，由于水蒸气分解产生的氧分压大于由氧化铁和其他合金氧化物解离产生的氧分压，使得氧离子能比较容易地通过氧化层不断到达内部氧化界面形成铁铬尖晶层，同时金属提供必需的电子和金属离子，从内部扩散穿过氧化层，到达外部界面构成铁磁体层，从而形成初始的双层氧化层。

如果实际运行温度经常超过管材许用温度，受热面管材金属壁面控制不当超温后，氧化皮生成速率会大大增快，随着运行时间的增加，金属氧化皮厚度不断增加。蒸汽侧氧化皮增大了传热阻力，使得传热效果下降，金属壁面温度升高，而金属温度的升高又进一步加剧了氧化皮的生成，形成恶性循环。因此在实际运行期间，温度和运行时间共同决定了受热面管壁氧化皮的生成速率和厚度。

（2）氧化皮的剥落。

内部原因：高温蒸汽下管材形成不同的氧化层，内层氧化皮结构紧密，性质稳定不易发生脱落，而外层氧化皮结构疏松，不稳定，最容易发生剥落。由于界面处的金属离子不断地向外迁移，在界面上留下了大量的空位。这些空位逐步发展成为孔洞，孔洞的存在使得氧化膜和基体的结合度降低，破坏了氧化膜结构的稳定性，使得氧化皮易于脱落。

外部诱因：氧化皮厚度是影响氧化皮脱落的主要因素

之一。随着氧化皮厚度的增加以及运行时间的增长，氧化皮达到临界厚度，由于应力已经大于氧化层本身所能承受的范围，氧化层就容易发生剥落。机组频繁启停，左右侧偏差大，投用减温水较多，未严格控制升温升压或降温降压速率，参数波动过大，导致金属管材温度变化幅度较大，是影响氧化皮脱落的另一个主要因素。

（3）氧化皮脱落并堆积在下部弯头处，造成炉管的蒸汽通流截面积减小，甚至会将管子完全堵塞，炉管因冷却不足导致过热，管壁机械强度显著降低，从而发生胀粗、爆管。

四、检查方法和手段

按照“逢停必查”的原则，对存在氧化皮的受热面进行外观宏观检查、取样检查和氧化皮定量检查，及时发现异常。

（1）对存在氧化皮隐患的炉管，每年必须全面进行一次氧化皮定量检查。若通过每年一次的氧化皮定量检查仍然发现氧化皮沉积较多，则应缩短定量检查的周期，确保人工检查、清理的速度大于氧化皮生成、剥落、沉积的速度。

（2）氧化皮检查清理方法：采用氧化皮磁性测量仪（仅针对奥氏体钢）或射线拍片检查是否有氧化皮沉积；检查发现有氧化皮沉积时，必须割管清除；割管后，采取措施（如利用长的钢丝刷摩擦、木棒敲击等）将炉管竖管内的已经开裂、翘起的氧化皮尽量清理干净。

（3）超（超）临界参数锅炉累积运行时间超过 1 万 h 后，应对 T23 管材进行割管检验；累积运行超过 1.5 万 h 后，应对受热面 T91 管材进行割管检验，并对锅炉管运行状况及发展趋势进行分析判断与风险评估；累计运行超过 2 万 h 后，对高温段不锈钢材质受热面管进行下弯头氧化皮堆积检测。

（4）对亚临界机组，累计运行至 3 万 ~ 5 万 h，应对高温段不锈钢材质受热面管进行下弯头氧化皮堆积检测，对 T91 材质管段下弯头进行射线拍片检查和割管验证；累计运行 8 万 ~ 10 万 h，应对钢研 102 材质管下弯头进行射线拍片检查和割管验证。

五、治理和防范措施

控制管内壁氧化皮的生成速率，防止氧化皮集中剥落，定期对存在氧化皮脱落的受热面进行检查检验，发现问题及时处理，消除爆管隐患。

（1）加强锅炉受热面壁温监督，杜绝超壁温限值运行，控制管屏内壁氧化皮的生成速率；将炉管壁温报警值作为锅炉主汽温、再热汽温运行参数调整的限制条件，若炉管壁温超限时，必须降参数运行。结合国内外相关研究成果，T23 管材最高使用汽温为 540℃，最高使用壁温为 570℃；T91 管材最高使用汽温为 570℃，最高使用壁温为 593℃。超（超）临界参数锅炉高温过热器及高温再热器宜选用细晶粒奥氏体不锈钢 TP347HFG 或同类材料，未经过喷丸处理的粗晶粒奥氏体不锈钢 TP347H 材料不宜选用，对于目前已使用的粗晶 TP347H 材料，其使用汽温应低于 600℃，壁温应低于 640℃。

（2）在线监测高温受热面炉内壁温分布。超（超）临界参数锅炉的过热器、再热器高温段应有完整的管壁温度测点。根据不同炉型，测点数应达到20% ~ 30%以上，可增加在线智能管理系统，结合同类机组氧化皮爆管事故所积累的基础数据，实时计算高温受热面各管材氧化皮生成速率、厚度等参数，在线判断管材抗氧化能力及强度是否满足要求，以便及早发现问题并及时采取针对性的措施。

（3）严格控制锅炉炉膛出口烟温偏差。两侧烟温偏差最大不得超过50℃；可进行降低热偏差燃烧调整试验，将上部燃尽风喷嘴反切，采用不同的主燃烧器区域二次风配风方式（正宝塔、缩腰、倒宝塔、均等配风）和不同的风门开度组合来降低炉膛出口残余旋转，降低高温受热面热偏差。

（4）由于氧化皮在启停过程中易剥落，锅炉启停及升、降负荷过程中，合理调整制粉系统运行方式，尽量通过增加下层制粉系统出力、调整二次小风门等方式降低炉膛出口烟温，控制主汽温、再热汽温左右侧偏差；加强受热面金属管壁温度的监视，严格控制升温升压或降温降压速率，避免参数波动过大，防止氧化皮集中剥落。

（5）锅炉启停过程中，对存在氧化皮隐患的锅炉受热面，尽量避免投用减温水。如果汽温偏差较大不易控制，尽量使用一级减温水调整主汽温；少投用二级减温水，减小高温过热器和高温再热器管壁温度的变化率。

（6）停炉后考虑采取闷炉（不少于24h）措施，除非有其他安全考虑，否则严禁强制冷却。

（7）水压试验后受热面管圈内存有一定的水，该部分水随着吸热量的增加依次经历欠饱和水、汽水混合物、过热蒸汽等过程，受热面内工质温度存在变化较快的情况。

管壁会随着汽泡的不断产生和破裂发生温度的交变。蒸干过程需要4h以上，管壁温度长时间处于波动状态，当壁温波动较大时，部分管圈内壁积氧化皮的管子易发生氧化皮起泡、开裂甚至剥落，易发生超温现象，严重的会发生爆管事故。因此，水压试验后启炉时间应比一般的冷态启动时间长，要采取缓慢升温的方式。

（8）按照“逢停必查”的原则，经常性或定期对存在氧化皮隐患的受热面进行外观宏观检查、取样检查和氧化皮定量检查，除按照现行《火力发电厂金属技术监督规程》（DL/T 438—2009）要求的检查、取样外，对末级过热器、末级再热器等高温受热面的计算壁温安全裕量偏小的管材，在机组小修或临修时应增加取样检验项目，对管子的金相、组织性能、氧化皮生成情况等进行检验，以便及早发现问题并及时采取针对性的措施。

（9）根据检查情况，利用大、小修进行受热面管材升级改造、蒸汽吹扫、割管清理、酸洗等方法，及时清除炉管内剥落、沉积的氧化皮，消除爆管隐患。

第五章　磨　损

锅炉受热面部件磨损减薄是导致燃煤火电机组锅炉非计划停运的主要因素。磨损主要表现为部件厚度减薄。烟气侧磨损大致可分为飞灰磨损和机械摩擦磨损两类，另外还有冷灰斗位置落焦或其他异物砸伤磨损、内部介质冲刷磨损等情况。本章重点介绍烟气侧磨损和落物砸伤。锅炉受热面部件磨损减薄导致泄漏的特征是爆口附近管壁有明显的减薄，爆口金相无明显变化，爆破边缘尖锐。

第一节　飞　灰　磨　损

一、现象描述

飞灰磨损是指燃煤锅炉炉膛内高速烟气携带飞灰冲刷受热面及其附件，造成管壁磨损减薄。

飞灰磨损主要发生在：冷灰斗、炉中缝、炉墙的漏风点部位，存在烟气走廊的区域（如边排管与炉墙之间、卧式蛇形管弯头与炉墙之间），卧式蛇形管水平管段上部及垂直管迎烟侧，燃烧器及风嘴周围管壁、吹灰器附近水冷壁等处，管卡脱落、错位、烧损处，以及管排交叉部位附近。尾部烟道内烟气温度较低，烟气中飞灰硬度较高，烟气流速高，在尾部烟道布置的再热器、过热器、省煤器等受热面发生磨损的现象尤为突出。

二、案例图片

案例5-1 低温过热器管排下部弯头磨损导致泄漏

某 300MW 亚临界机组，锅炉型号为 HG-1021/18.2—YM9，累计运行 12 万 h。锅炉竖井烟道内低温过热器靠近后包墙位置的弯头内弯因烟气长期冲刷磨损，造成管壁减薄爆口泄漏，如图 5-1 所示。该低温过热器管规格为 $\phi 57 \times 7$mm，材质为 St45.8。

图5-1 水平低温过热器弯头磨损爆口

案例5-2 水冷壁冷灰斗缩口斜坡处管壁磨损减薄

某 140MW 机组，锅炉型号为 SG-400/140—M413，机组累计运行 21 万 h。锅炉冷灰斗缩口斜坡位置，水冷壁鳍片在设备安装时未进行满焊造成漏风。运行中漏风卷吸飞灰磨损管壁而减薄，如图 5-2 所示。该水冷壁管规格为 $\phi 60 \times 7$mm，材质为 20G。

图5-2 冷灰斗处水冷壁减薄严重

案例5-3 尾部竖井烟道包覆过热器侧墙管壁磨损减薄

某 140MW 机组，锅炉型号为 SG-400/140—M413，机组累计运行 21 万 h。锅炉尾部竖井烟道包覆过热器侧墙管后侧反向磨损减薄，该磨损部位后面装有阻流装置，烟气沿流向前进，在受到阻流装置阻挡后在阻流装置前部形成涡流，且在碰到后墙折向烟气的卷吸作用下反向冲刷管壁造成磨损减薄，如图 5-3 所示。该包覆过热器管规格为 $\phi38\times5$mm，材质为 20G。

图5-3 包覆过热器侧墙管冲刷减薄严重

案例5-4 尾部竖井烟道省煤器磨损减薄导致泄漏

某140MW机组，锅炉尾部竖井烟道内布置卧式错列省煤器管，在长期运行过程中，蛇形管水平管道上部磨损严重，多次发生磨损减薄导致爆口泄漏。初期主要为高温段上部管排，后来管排的中下部也发生了爆口泄漏，如图5-4所示。该省煤器管规格为$\phi32\times4$mm，材质为20G。

图5-4 省煤器管水平管段上部磨损减薄导致爆口

案例5-5 煤粉燃烧器喷嘴周围水冷壁管磨损减薄导致泄漏

某300MW亚临界机组，锅炉燃烧器喷嘴侧前方水冷壁管因磨损减薄导致泄漏。其原因是煤粉燃烧器喷嘴磨穿后，一次风携带煤粉并卷吸灰粒冲刷水冷壁管壁，造成管壁减薄从而导致泄漏，如图5-5所示。该水冷壁管规格为$\phi63.5\times7.2$mm，材质为St45.8。

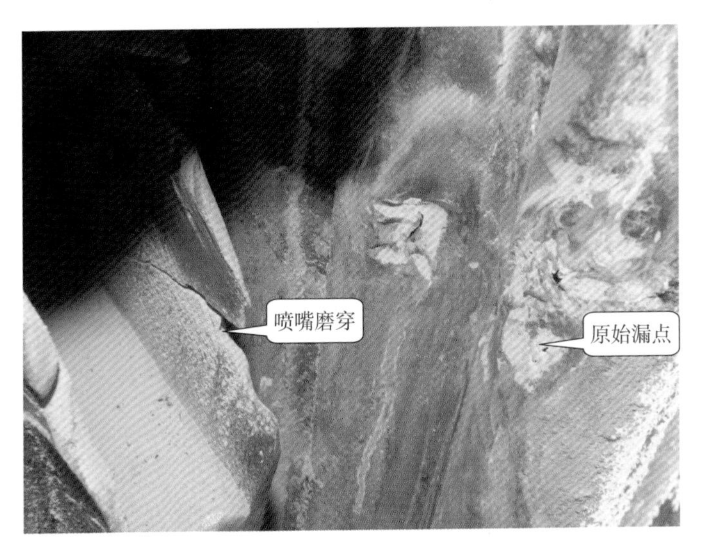

图5-5 煤粉燃烧器喷嘴前部水冷壁管磨损减薄导致爆口泄漏

三、原因分析

燃煤锅炉（尤其是燃烧劣质煤种的锅炉）的烟气中含有大量飞灰，携带有灰粒和未完全燃烧的燃料颗粒的高速烟气通过受热面时磨损壁面造成壁面减薄。飞灰磨损受烟速、飞灰浓度、飞灰颗粒硬度、锅炉结构的影响。烟速越高，灰粒越多（飞灰浓度越大），对管壁的撞击力就越大，次数就越多，长时间受磨损而变薄的管壁强度就会降低，从而导致泄漏。另外，漏风点的漏风卷吸灰粒冲刷管壁、二次风携带灰粒冲刷管壁、燃烧器喷嘴磨穿一次风携带煤粉及灰粒冲刷管壁、吹灰器吹灰时蒸汽带水及卷吸灰粒冲刷管壁也是造成管壁磨损减薄的主要因素。

四、检查方法和手段

清理干净表面积灰、结焦等杂物，借助强光手电等照明工具进行外观和测厚检查，对于位置较高或悬空部位搭设脚手架进行检查。对于尾部竖井烟道内水平布置受热面位置较深或靠炉墙无法直观检查的位置，可借助内窥镜等仪器进行检查，如有必要可利用割除包墙或抽出管屏等方法进行检查。

五、治理和防范措施

（1）对磨损的管子表面进行打磨后测厚，对磨损超标的管段进行更换，对轻微磨损的加装防磨装置。

（2）对错排、管子变形出列影响烟气流通的管排进行修正，对错列布置的管排采取合理的结构进行技术改造；对变形管排进行修整，避免形成烟气走廊吹损管排。

（3）消除漏风点，对于鳍片、密封板、接缝位置进行焊补密封，对于炉中缝漏风则进行炉中缝修补或技术改造。

（4）对于管道上的管卡、流通通道内的均流装置等附件进行合理优化，避免造成受热面磨损。例如，如对管夹松动的进行复位固定，对管夹处易发生磨损的加装防磨护瓦，对浇注料于管子分界线的加装护瓦等。

（5）受热面管子、弯头、联箱连接斜管的迎风侧加装护瓦，竖井烟道内卧式布置的受热面上数第 1 ~ 3 排上部加装护瓦，靠近炉墙处加装挡风盖板装置。

（6）加强对冷灰斗区域飞灰冲刷检查。重点检查斜坡、结构突变位置和管排变形、局部管子突出位置。

（7）加强燃烧器喷口周边水冷壁的检查。喷口周围水冷壁因受二次风卷吸灰尘的冲刷，极易磨损，可通过手摸、光照、测厚等手段加以检查。

（8）对于易磨损部位的受热面还可考虑采用喷涂耐磨合金材料、管子搪瓷、涂防磨涂料等防磨措施。

（9）对入炉煤进行燃烧掺配及合理调整制粉系统，可有效降低烟气中的飞灰含量，较细的煤粉细度可降低飞灰的撞击动能。

第二节 机械摩擦磨损

一、现象描述

燃煤锅炉内布置了水冷壁、过热器、再热器、省煤器、联箱、汽水导引管及管夹、吊杆等大量的受热面及附件，部件接触或间隙较小的部位较多，导致部件间发生机械摩擦磨损。这些磨损点多发生在管道与管道、管道与部件、管屏与夹持管、穿墙管与穿墙孔周围、管道与管夹之间等。由于运行中管排之间膨胀、晃动的方向、幅度、频率不一致，相互贴近的部位易发生摩擦磨损，并且磨损速度很快，从而造成受热面壁厚减薄强度不足而导致泄漏。

二、案例图片

案例5-6 再热器管壁磨损减薄

某 300MW 亚临界机组，锅炉再热器管屏迎火侧第 1 根管由于设备设计安装间隙较小、运行中管子变形及吹灰器枪管弯曲等原因，造成吹灰枪管进退过程中与管道碰撞摩擦导致管壁磨损减薄，如图 5-6 所示。该再热器管规格为 $\phi 63 \times 4$mm，材质为 TP304H。

图5-6　再热器迎火侧第1根管与吹灰器枪管磨损

案例5-7　过热器管屏与夹持管接触位置管壁磨损减薄

某 300MW 亚临界机组，锅炉分隔屏过热器夹持管与管屏下部第 1 根管接触位置磨损减薄。由于安装或运行中膨胀变形导致管屏夹持管与管屏间出现间隙，运行中受烟气及管内介质影响发生晃动，导致夹持管与管屏管壁接触处发生摩擦导致管壁磨损减薄，如图 5-7 所示。该分隔屏过热器管规格为 ϕ51×6mm，材质为 12Cr1MoV。

图5-7　分隔屏过热器夹持管与管屏下部第1根管磨损

案例5-8 过热器管屏与定位管摩擦防护瓦磨损减薄

某 140MW 机组，锅炉型号为 SG-400/140—M413，锅炉后屏过热器管屏与定位管接触部位运行中振荡、晃动摩擦，导致管屏防护瓦磨损减薄严重，如图 5-8 所示。该后屏过热器管规格为 ϕ38×4.5mm，材质为 12Cr1MoV。

图5-8 后屏过热器管与夹持管磨损

三、原因分析

①由于锅炉设计、安装等因素，以及运行中热膨胀不均、变形等，导致受热面各部件间的间隙较小或各部件接触，运行中由于部件之间膨胀、晃动的方向、幅度、频率不一致，相互贴近的部位易发生摩擦磨损；②受热面管排上的管卡等附件常会因过热变形或焊接不牢固而开焊，造成管子振动并与管卡相磨，或者与其他相邻部件有撞击或摩擦，使管壁磨损减薄；③吹灰器枪管等移动设备在进退过程

中，因与管壁碰撞会导致管壁磨损减薄。当管壁减薄到一定程度时，在内压的作用下，管子会发生爆口泄漏。

四、检查方法和手段

这类缺陷多发生在夹持管、定位管、穿墙孔、管夹及有部件接触部位，检查时可清理干净表面积灰、结焦等杂物后，借助强光手电等照明工具进行外观检查。对于位置较高或悬空部位应搭设脚手架进行检查。对于顶棚过热器穿墙部位，应制订滚动计划分期分批进行检查。

五、治理和防范措施

（1）管壁磨损部位打磨后测厚，剩余壁厚不能满足要求的应进行更换，轻微磨损的应加装防磨装置。

（2）采用设计合理的锅炉结构，吹灰器枪管与受热面之间要保持适当间距，尽量避免受热面与其他部件直接接触。

（3）检修中对于变形、开裂、脱落的管夹应进行更换固定，管夹处易发生磨损的加装防磨护瓦。对因管排变形造成下部弯头磨碰的管屏应进行矫正治理，必要时加装防护支架。

（4）对于穿墙管应加装防磨套管。

（5）坚持停备期间的防磨检查，扩展检查手段，除采用直观检查外，对于隐蔽部位要借助内窥镜等仪器进行检查。

（6）运行人员优化运行调整，合理控制升降温、升降压的速率，避免引起受热面振荡而发生磨损。

（7）对于易磨损部位的受热面还可考虑采用喷涂耐磨合金材料、管子搪瓷、涂防磨涂料等防磨措施。

第三节 落 物 砸 伤

一、现象描述

当受热面管受到高处落物的撞击时，会产生变形或减薄，使受热面管过载失效，从而产生泄漏。落物砸伤常发生在冷灰斗斜坡水冷壁和水平烟道底包覆管部位。常见的落物有大块渣焦、受热面附件、损坏的吹灰器枪管、检修遗留物等。

二、案例图片

案例5-9 锅炉焦块砸伤水冷壁

某电厂锅炉运行中结焦严重，棱角尖锐的大焦块落下砸伤水冷壁管，导致锅炉泄漏，如图 5-9 所示。

图5-9 水冷壁被落焦砸伤形貌

案例5-10 冷灰斗水冷壁管被机械砸伤导致泄漏

某电厂2号机组负荷为350MW，主蒸汽压力为17.86MPa，主蒸汽温度为570.1℃，锅炉“四管”泄漏2、4号测点报警，给水流量与蒸汽流量差明显增大且水冷壁温度测点异常升高。停炉检查发现，水冷壁管受到高处坠落的金属物体撞击导致泄漏，如图5-10所示。撞击物为高处金属物体（推断为脚手架钢管接近垂直坠落，钢管口边缘砸在水冷壁管子上）坠落造成水冷壁变形受损，随运行时间的延长，逐渐泄漏扩展，吹损附近管子。

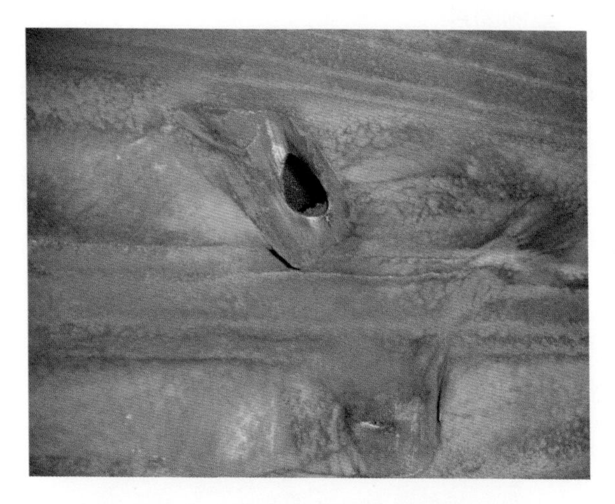

图5-10 水冷壁被高处落物砸伤爆口形貌

三、原因分析

（1）锅炉燃烧调整不到位、燃煤煤质偏离设计煤种等导致锅炉结焦，焦块脱落砸伤受热面管。

（2）炉膛内上部受热面附件、损坏的吹灰器枪管等脱落砸伤受热面管。

（3）检修时，杂物、脚手架、更换的管段等清理不干净遗留在炉膛内，运行中掉落砸伤受热面管。

四、检查方法和手段

（1）机组检修时，对易造成落物砸伤的部位进行宏观检查，重点检查冷灰斗区域水冷壁、水平烟道底部包覆管。

（2）及时清理炉膛上部的挂焦。当发现运行中有大焦块脱落或吹灰器枪管脱落时，应及时监视锅炉运行状况。

五、治理和防范措施

（1）加强锅炉燃烧调整和燃煤掺配掺烧，避免锅炉结焦，发现结焦情况及时处理。

（2）加强吹灰器管理，防止吹灰器枪管损伤脱落。

（3）检修时，对炉膛内受热面结构件全面检查，对松脱的结构件、防磨装置应固定牢固，防止运行中脱落；及时清除炉膛内部的杂物、架杆、更换的管件。

第六章 吹灰器吹损

锅炉运行过程中，各部分受热面均会积灰，积灰会影响受热面管壁的传热效果，严重时还会形成结焦，影响受热面寿命。锅炉上装有蒸汽吹灰器，用来定期清扫锅炉水冷壁、过热器、再热器、省煤器和空气预热器等受热面上的积灰和结渣。使用吹灰器，还可提高主蒸汽出口温度，降低锅炉排烟温度，提高传热系数和提高锅炉效率。因此，运行中需经常投用吹灰器，同时因蒸汽吹灰器造成锅炉受热面吹损泄漏的事故也呈上升趋势。造成锅炉受热面吹损主要有两个方面的原因：一是吹灰器故障引起的吹损，二是吹灰器吹灰区域的受热面防护不良引起的吹损。加强吹灰器管理，做好吹灰区域受热面管子的防护，是减少锅炉“四管”泄漏，减少机组非计划停运的一项重要措施。

第一节 吹灰器故障

一、现象描述

吹灰器安装质量不良，吹灰器吹灰工作压力调整不当，蒸汽温度偏低，吹灰时蒸汽带水，吹灰器枪管卡住没有及时退出，吹灰器鹅颈阀内漏，吹灰器枪管龟裂等，会直接或间接地引起锅炉“四管”泄漏。

二、案例图片

案例6-1 水冷壁管被蒸汽吹损爆口导致泄漏

某 150MW 亚临界机组，锅炉右侧水冷壁管泄漏，泄漏点在标高 25.7m 处，如图 6-1 所示。该水冷壁管规格为 $\phi 60\times 6$mm，材质为 20G。由于吹灰器枪管卡住，吹灰器长时间吹损水冷壁某一位置，水冷壁管局部减薄到一定程度，强度不足从而引起水冷壁管爆破导致泄漏。

图6-1　吹灰器枪管卡住吹损水冷壁管

案例6-2 尾部竖井省煤器悬吊管吹损导致泄漏

某 150MW 亚临界机组，锅炉后烟井标高 34m 处，G9B 吹灰器（固定旋转式吹灰器）附近省煤器悬吊管泄漏。原因是吹灰器鹅颈阀内漏，长时间吹损省煤器悬吊管造成第 7、8 根管子泄漏，如图 6-2 所示。

图6-2 吹灰器吹损省煤器悬吊管

三、原因分析

（1）锅炉吹灰器投运后，吹灰器枪管卡住没及时退出，长期吹损吹灰器周围锅炉受热面管，使管壁厚度减薄、强度降低引起泄漏。

（2）吹灰器鹅颈阀关闭不严密，吹灰器附近的管子长期低压吹损，引起泄漏。

（3）吹灰器安装不良，固定旋转式吹灰器停运期间，枪管喷嘴正对管子，当吹灰器内漏时，吹灰器长期吹损受热面管引起泄漏。

（4）炉膛吹灰器枪头与水冷壁内壁不垂直，使吹灰器一侧的水冷壁被吹损，而另一侧水冷壁吹灰效果差。

（5）吹灰汽源疏水时间短，汽源汽温偏低，吹灰时蒸汽带水，凝结水被吹到水冷壁管表面，水冷壁温度急剧变化，产生热应力，造成热疲劳，使水冷壁管表面产生裂纹。

（6）吹灰器投入运行后传动销子断裂损坏，造成吹灰器没有退回，鹅颈阀无法关闭，受热面管子局部位置被长时间吹损，管壁减薄、强度降低引起泄漏。

四、检查方法和手段

（1）校验吹灰器的安装是否符合说明书的要求，在检修时，将吹灰器区域的水冷壁管清理干净检查磨损情况。

（2）检查固定旋转式吹灰器停运状态，若喷嘴正对受热面管，应进行调整。

（3）检查吹灰器枪头是否与吹灰枪轴线同线，枪头无有龟裂，测量喷嘴直径是否增大等。

（4）检查炉膛吹灰器喷嘴与水冷壁内表面间距是否符合安装要求。

（5）检查管排有无出列、错位。

（6）对吹灰器吹灰区管子表面进行宏观检查，必要时着色探伤，发现产生裂纹的管子及时处理。

（7）测量吹损的水冷壁管壁厚，壁厚减薄超标的应及时进行更换。

（8）检查吹灰器控制系统，检查膨胀电源线是否拉卡在设备上，避免控制部分故障、电动机故障导致吹灰器启动失败或不能自退。

五、治理和防范措施

（1）严格执行吹灰管理办法。

（2）锅炉吹灰时，锅炉运行、维护人员监督应到位，检查吹灰器投运情况。

（3）加强吹灰过程的监盘。在锅炉吹灰过程中，吹灰器发出未退出的信号时，应及时就地检查，并做好退出枪管的应急措施。

（4）定期检查吹灰器机构行程，发现吹灰器传动不平稳时，应及时进行隔离检修。

（5）定期检查热工报警，确保报警准确。

（6）在吹灰结束后，用红外线测温仪测量吹灰器鹅颈阀颈管温度。无风环境下，鹅颈阀颈管温度，夏季不超过60℃，冬季不超过40℃，否则视为鹅颈阀内漏，应进行检修。

（7）做好应急措施，如定置存放手动、气动（或电动）退吹灰枪管专用工具，保证专用工具随时能够良好使用；吹灰器枪管卡住后，应根据吹灰器的位置，确定是否关闭吹灰汽源等措施。

（8）更换水冷壁管时，确保新管与原水冷壁管屏内壁平齐。

（9）根据吹灰器安装说明书的要求，检修时测量吹灰器喷嘴与水冷壁管表面间距是否符合安装要求，对长伸缩吹灰器、固定旋转式吹灰器喷嘴启吹点进行调整，避免启吹点正对管子，防止管子受到吹损。

（10）根据设计调整吹灰器的工作压力，防止吹灰压力过高，加速受热面的吹损；或吹灰压力不足，吹灰效果差，频繁吹灰，使受热面管子磨损加速及吹灰器故障增多。

（11）严格监视吹灰前后吹灰器鹅颈阀颈管测温信号的变化，避免吹灰汽源温度低，吹灰蒸汽带水，凝结水吹到水冷壁管表面，使水冷壁管产生热疲劳。

（12）对于炉膛吹灰器，吹灰器喷嘴至水冷壁管屏内表面距离必须严格按照厂家要求，在机组大、小修期间要进行测量核定，并保证枪头垂直管屏，且与套管同心。

（13）对于长伸缩吹灰器，要特别注意在长伸缩吹灰器停运状态时，要求吹灰器喷嘴退到墙管中心处，以避免喷嘴直接吹扫墙上的管子。

（14）对于长伸缩或固定旋转式吹灰器，安装时后端略高，疏水斜度为0.7%～0.8%，并调整喷嘴在停运时方向呈上下布置。

（15）对于各部位吹灰器，阀后压力要根据厂家提供的压力整定值进行整定，根据运行结焦（灰）情况，适时调整阀后压力。

第二节 吹灰器吹灰区域受热面管防护不良

一、现象描述

对于锅炉水冷壁、过热器、再热器、省煤器等吹灰器吹灰区域，由于没有安装防护瓦或防护瓦移位、吹灰器吹灰区域管排喷涂层不能满足吹灰器长期吹损要求，容易导致吹灰器吹灰区域受热面管因防护不良而产生泄漏。

二、案例图片

案例6-3 吹灰器吹灰通道内再热器管吹损

某300MW亚临界机组，锅炉再热器吹灰器吹灰区域管子没有加装防磨瓦，长期受蒸汽冲刷，管壁减薄，强度降低从而导致泄漏，如图6-3所示。该再热器管规格为$\phi 60 \times 4$mm，材质为12Cr1MoV。

图6-3　再热器吹灰器吹灰区域管排没有加装防磨瓦

案例6-4　再热器管卡处被吹灰器蒸汽吹损减薄

某1000MW超超临界机组，首次检修发现锅炉低温再热器吹灰器吹灰区域附近管排卡子处没有加装防磨瓦，管排防护不良导致吹损，如图6-4所示。

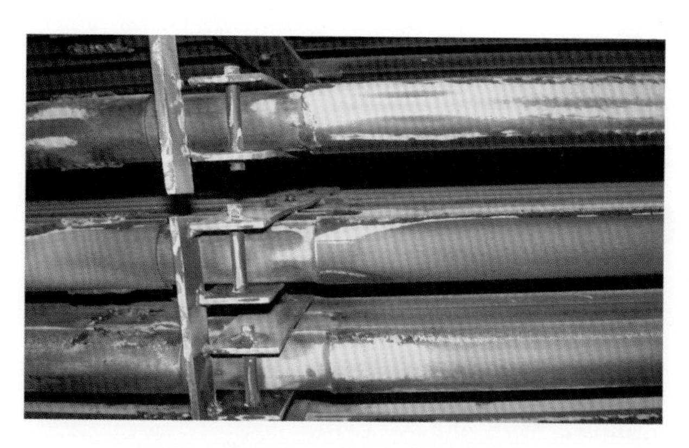

图6-4　管排卡子处没有加装防磨瓦

案例6-5　过热器管排弯管处喷涂层处管子吹损

某600MW亚临界机组，运行10万h后，大修期间对末级过热器下弯头易吹损部位进行喷涂防护。一年后检修发现，末级过热器管排弯管处喷涂层长期吹损脱落，造成管子吹损，如图6-5所示。该末级过热器管规格为ϕ44.5×6.8mm，材质为TP304H。

图6-5　过热器管排弯管处吹损形貌

三、原因分析

吹灰器吹灰区域管子未安装防磨瓦，防磨瓦脱落，防磨瓦移位，管子防护不良；管排出列，直管段防磨瓦固定不牢固、移位，防磨瓦防护不到位，吹灰器吹灰区域管排喷涂层不能满足要求，长期受飞灰的冲刷，使壁厚减薄、强度降低引起泄漏。

四、检查方法和手段

（1）检查吹灰器吹灰区域管子防磨瓦有无变形、脱落、移位和吹损现象。

（2）检查防磨瓦、喷涂层吹损减薄后是否满足长周期运行要求。

（3）检查管排有无出列、错位。

（4）检查吹灰器吹扫区域防护是否到位。

（5）测量吹损减薄的管子壁厚，剩余壁厚不能满足要求的应进行更换。

五、治理和防范措施

（1）严格执行吹灰器管理制度，锅炉专业、热工专业人员每月对吹灰设备进行机务和控制系统的检查，发现问题及时处理，确保吹灰设备的正常运行。

（2）吹灰前必须疏水，防止吹灰蒸汽带水。吹灰程序投入期间，运行巡检人员若发现吹灰器内漏、枪管卡住未退出、吹灰器蒸汽中断等异常现象，应立即中断吹灰，将吹灰器安全退出，并联系检修人员处理。

（3）吹灰器设备管理部门，每天应监督、检查吹灰器外委人员现场检查情况。

（4）对于新安装吹灰器，必须对每台吹灰器进行安装位置的确认，在严格按照厂家要求安装的同时，还要根据现场的实际情况进行调整。

（5）对于各部位吹灰器，阀后压力要根据厂家提供的压力整定值进行整定，根据运行结焦（灰）情况，适时调整阀后压力。

（6）吹灰器区域的管子必须加装防磨瓦或防磨喷涂，更换吹损减薄和变形的防磨瓦，调整移位的防磨瓦并固定牢固。

（7）对出列、错位管排应调整复位。

（8）对吹损减薄的管子应进行壁厚测量，减薄超标的应及时更换。

第七章 腐　蚀

根据腐蚀部位和环境的不同，锅炉受热面管的腐蚀可分为水汽侧腐蚀和向火侧腐蚀两大类。水汽侧腐蚀的常见类型有氧腐蚀、垢下腐蚀（氢腐蚀、碱性腐蚀）和应力腐蚀；向火侧腐蚀的常见类型有高温腐蚀、低温腐蚀。

第一节 氧　腐　蚀

一、现象描述

氧腐蚀是锅炉管在水溶液中氧去极化的电化学腐蚀。当除氧器运行不正常时，给水中的溶解氧进入锅炉循环系统后容易产生氧腐蚀。氧腐蚀通常发生在省煤器中。宏观特征为：管子内壁发生溃疡，点状、坑状腐蚀坑造成管壁减薄，在腐蚀区没有过热现象，基本上没有结垢。另外，锅炉制造和停运期间，如果不采取有效措施，水、汽侧的锅炉管金属表面会发生严重的腐蚀，其本质也属于氧腐蚀。运行中，氧腐蚀产物为黑色的 Fe_3O_4，与金属结合牢固；停炉时，氧腐蚀的产物为砖红色的 Fe_2O_3，结构疏松。

二、案例图片

案例7-1 省煤器管子内壁氧腐蚀

某 330MW 亚临界机组，锅炉型号为 DG1025/18.2—II4，设计压力为 18.2MPa，设计温度为 541℃，运行 10.5

万 h 后，对省煤器管子割管取样，发现管子内壁存在典型的氧腐蚀，腐蚀坑明显，如图 7-1 所示。该省煤器管规格为 $\phi 42\times6.5$mm，材质为 20G。

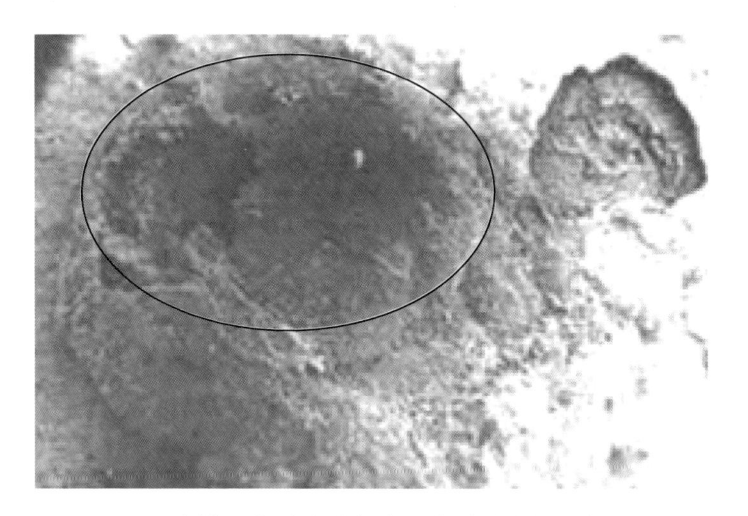

图7-1 省煤器管子内壁氧腐蚀典型形貌——腐蚀坑

三、原因分析

（1）除氧器运行不正常导致给水除氧、除盐不彻底，含水溶性盐和氧的水进入锅炉省煤器管，在积水和潮湿的内壁形成腐蚀电池，内表面的保护膜破裂，发生点蚀，随着管内壁含水溶性盐的沉积物的堆积，氧腐蚀速度加剧，由点蚀发展到腐蚀坑。

（2）锅炉停运防护不当造成锅炉管内壁氧腐蚀。锅炉停运时，空气进入内部，因为设备停用时内部有未排尽的水或水蒸气凝结的水，空气中氧和二氧化碳溶解在潮湿的金属表面上，产生腐蚀。由于氧的浓度高，并可以扩散到系统的各个部位，因此停运腐蚀的部位与运行锅炉发生的氧腐蚀有显著的差别。锅炉运行时过热器、再热器不会发生氧腐蚀，而停用时，在立式过热器的弯头处常常发生严重的氧腐蚀。

四、检查方法和手段

（1）机组检修时，对水冷壁、省煤器管子等进行割管取样检查及垢物分析。

（2）锅炉停运时，检查防护措施是否到位。

五、治理和防范措施

（1）严格给水除氧，使氧含量符合规定值，严格控制pH值，使水质符合标准。

（2）加强炉管投运前的保护，新炉应进行化学清洗，去除铁锈和脏物，并使其在内壁形成均匀的保护膜。省煤器蛇形管的流速不宜低于0.3m/s。

（3）做好机组停运防护，根据参数和不同炉型，结合机组停备用时间，选择合理的停炉防护措施。对于短期停用的锅炉，采用的保护方法应能满足在短时间启动的要求。例如，对于热备用锅炉，必须考虑能随时投入运行，这就要求所用的方法不能排掉锅炉水，也不宜改变锅炉水的成分，以免延误投入时间，一般采用保持蒸汽压力法或给水压力法。对于长期停运的锅炉，所采用的方法是防腐作用要持久，一般可采用干燥法、联氨法、充氮法、热力成膜法。对于高参数机组，由于对水质要求严格，加上结构复杂，很难将系统内部的水放净，所以停用时不宜采用干燥剂法或固态碱液法，一般宜采用联氨水＋氨法或充氮法。

第二节 氢 腐 蚀

一、现象描述

氢腐蚀是酸性较强的溶液中发生电化腐蚀时放出氢气导致的腐蚀，在环境温度 200℃以上时，氢进入低强钢内与碳化物反应生成甲烷气体，使金属内产生小裂纹及空穴，导致管子失效。

二、案例图片

案例7-2 锅炉水冷壁管子氢腐蚀

某 300MW 亚临界机组，累计运行 8 万 h 后，锅炉水冷壁管子因氢脆发生爆管事故。对管子内、外壁进行宏观检查，发现泄漏部位内壁有腐蚀产物，如图 7-2 所示。该水冷壁管规格为 $\phi 45 \times 6$mm，材质为 20G。

图7-2 锅炉水冷壁管子氢腐蚀产物

三、原因分析

由于锅炉化学辅助控制系统工作失灵，造成锅炉水品质不合格。在长期的运行状态下，不合格的水介质使金属管壁发生酸性垢下腐蚀。酸性介质在金属管壁腐蚀过程中产生原子态氢无法扩散到汽水混合物中去，致使金属管壁与腐蚀垢物间积累了大量的氢，氢原子向金属基体扩散，进入金属晶界处与碳发生反应生成甲烷，甲烷在晶界之间不断聚集而形成巨大的压力，形成断续裂纹的内部网状组织。晶间裂纹的存在，使金属强度、韧性、塑性等性能急剧降低，最终造成金属贯穿发生脆性断裂。

四、检查方法和手段

（1）采用超声检测技术对锅炉水冷壁管子进行无损检测，根据超声波声能量的衰减量（与水冷壁原始管子比较）判断管子是否受到氢损害以及氢损害的损伤程度。

（2）对锅炉水冷壁管子割管取样，检查管子内壁积垢及腐蚀情况；将取样管进行机械切割，切割成环状，在台钳上挤压，未遭受氢损害的管子具有弹性，而遭受氢损害的管子则变脆，发生裂纹或断开。

（3）将锅炉水冷壁取样管沿轴向割开，做成试片，将试片放入50%的热盐酸溶液中做宏观侵蚀试验，被氢损害的管子断面很快被侵蚀，明显变黑，并呈多孔状。

五、治理和防范措施

（1）若发现锅炉水冷壁管子存在氢损害情况，必须将受到氢损害的管子更换。

（2）严格控制锅炉水的品质，消除锅炉水的低pH值环境，包括防止凝汽器泄漏；尽量减少锅炉水的局部浓缩，消除导致氢脆的因素。

第三节 碱 性 腐 蚀

一、现象描述

锅炉水中由于存在游离的NaOH，在垢下会因锅炉水浓缩而形成高浓度的OH^-，发生碱性腐蚀。碱性腐蚀一般发生在水冷壁高热辐射的燃烧器区域，碱性腐蚀的腐蚀部位呈皿状，内部充满了松软的黑色腐蚀产物。这些腐蚀产物在形成一段时间后，会烧结成硬块。将沉积物和腐蚀产物去除后，在管子上出现不均匀的减薄和半圆形的凹槽，表面呈现凹凸不平的状态。

二、案例图片

案例7-3 高压锅炉水冷壁管碱性腐蚀

某电厂HG-410/100型高压汽包锅炉于20世纪70年代初投产，2000年1月4—12日水冷壁先后发生四次爆管。爆管部位明显减薄，爆口周围可见层状腐蚀产物，外观为典型的凿槽型金属耗蚀，如图7-3所示。

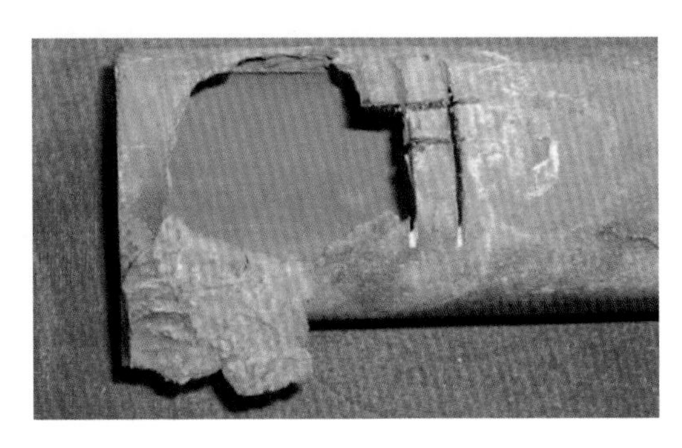

图7-3 锅炉水冷壁管子爆口形貌

案例7-4 亚临界锅炉水冷壁碱性腐蚀

某 300MW 亚临界机组，锅炉型号为 DG1025/18.2—II2，设计压力为 18.2MPa，设计温度为 541℃，累计运行 7.6 万 h。锅炉水冷壁管子因碱性腐蚀发生泄漏事故，如图 7-4 和图 7-5 所示。该水冷壁管规格为 $\phi 45\times6.5$mm，材质为 20G。

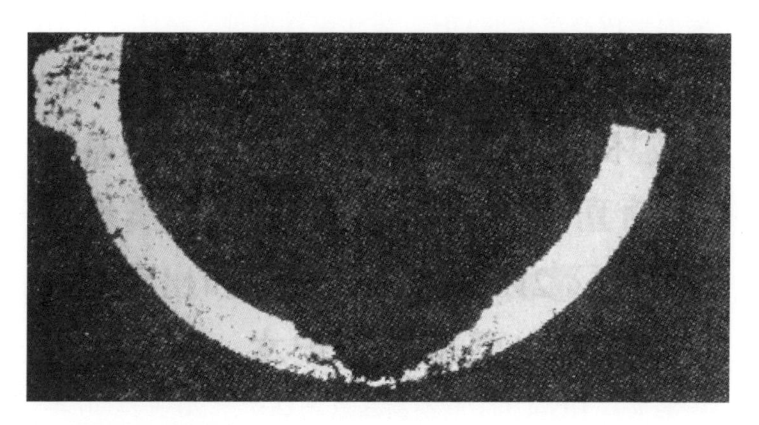

图7-4 锅炉水冷壁管子碱性腐蚀断面

图7-5 锅炉水冷壁管子碱性腐蚀穿孔剖面

三、原因分析

锅炉水品质不合格。当冷却水为碳酸盐含量较高的河水或湖水时，若凝汽器发生泄漏，冷却水会直接进入锅炉，将在锅炉水中高温分解产生游离的氢氧化钠，会使沉积物下锅炉水的 pH 值上升到 13 以上，会破坏金属保护膜。在长期的运行状态下，不合格的水介质使管内壁积垢导致碱性垢下腐蚀。

四、检查方法和手段

机组检修时，对锅炉水冷壁管子进行割管取样检查，并对垢物分析。

五、治理和防范措施

炉管发生腐蚀的基本条件是水冷壁上有沉积物和浓缩的锅炉水有侵蚀性。要防止锅炉的腐蚀，要从防止炉管形成沉积物和消除锅炉水侵蚀性两方面着手。

（1）对于新安装的锅炉进行化学清洗以除去水冷壁管上的铁锈或附着物。

（2）减少给水中的铁、铜含量，防止这些腐蚀产物在锅炉中形成铁、铜垢。提高给水品质，尽可能降低给水中杂质的含量。

（3）要严格防止冷却水直接漏入水、汽循环系统；严格控制给水的氢电导率、氯离子含量和 pH 值。

（4）选用合理的锅炉水处理方式，调节锅炉水的成分，减轻或消除锅炉水的侵蚀性。

（5）定期清洗锅炉，去除管内壁沉积物；稳定运行工况，防止炉管的局部汽水循环不良和超温。

第四节 应 力 腐 蚀

一、现象描述

应力腐蚀开裂通常发生在高参数锅炉用奥氏体钢。应力腐蚀开裂是指敏感材料在特定的腐蚀介质环境中，由于应力和电化学腐蚀的相互作用，使材料表面产生裂纹并快速发展，直至脆性断裂的现象。宏观特征为：脆性断裂，断口周围无塑性变形，断口呈颗粒状，裂纹从蚀坑处萌生，易发生在应力较高的部位（如弯头、焊缝和其他冷加工区）。

二、案例图片

案例7-5 锅炉过热器管子应力腐蚀

某600MW亚临界机组累计运行10.8万h，锅炉过热器管子因应力腐蚀发生泄漏事故，如图7-6和图7-7所示。该过热器管规格为ϕ38.1×8.0mm，材质为TP347H。

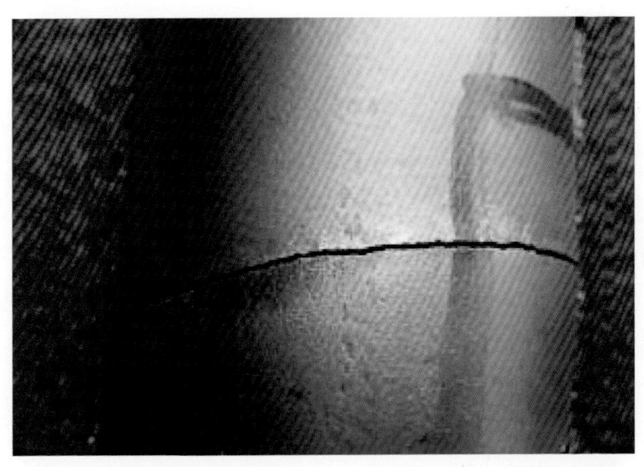

图7-6　锅炉过热器管子应力（晶间）腐蚀的断口形貌

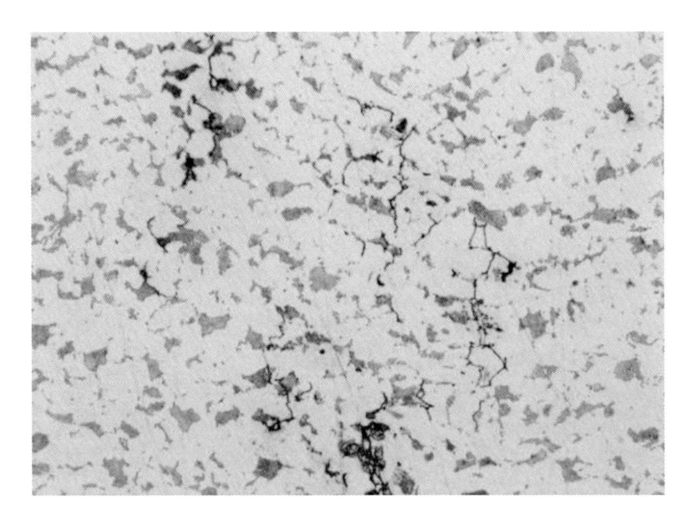

图7-7 应力（晶间）腐蚀的组织特征

三、原因分析

氯化物、氢氧化钠和硫化物等物质都对奥氏体钢有很强的侵蚀性，在锅炉制造、安装或检修过程中，过热器管子经焊接或弯管工艺后，管材内部存有残余应力，在水压试验或化学清洗时有腐蚀物进入或残留在过热器内，当锅炉启动时，残存的水很快蒸发掉，水中的杂质会被浓缩到很高的浓度，在腐蚀性溶液和内应力的双重作用下产生了应力腐蚀裂纹。

四、检查方法和手段

机组检修时，对锅炉过热器管子进行割管取样检查，并对垢物分析。

五、治理和防范措施

（1）若发现锅炉过热器管子存在应力腐蚀情况，必须将受到应力腐蚀的管子进行彻底更换。

（2）防止凝汽器泄漏，降低汽水中的氯离子和含氧量，去除管子的残余应力，注意停炉时的防腐，加强库存期和安装期间受热面管的保护。

第五节　高　温　腐　蚀

一、现象描述

通常所说的锅炉高温腐蚀是指熔融盐腐蚀中的金属熔融盐氧化，由沉积物中的非硅酸盐杂质的化学过程所引起的一种炉管金属损耗。高温腐蚀通常发生在过热器和再热器的向火侧外表面，在水冷壁蒸发高温段和液态排渣炉的水冷壁烟气侧外壁也会发生高温腐蚀。宏观特征为：腐蚀沿向火侧局部浸入，被腐蚀的管子表面呈坑穴状、麻点或浅沟槽。

二、案例图片

案例7-6 高温过热器管子高温腐蚀

某330MW亚临界机组，累计运行7.6万h。锅炉过热器管子因高温腐蚀发生泄漏事故，腐蚀部位距顶棚约2m，如图7-8和图7-9所示。该过热器管规格为ϕ51×8.0mm，材质为T91。

图7-8 锅炉过热器管子高温腐蚀外观形貌——腐蚀坑

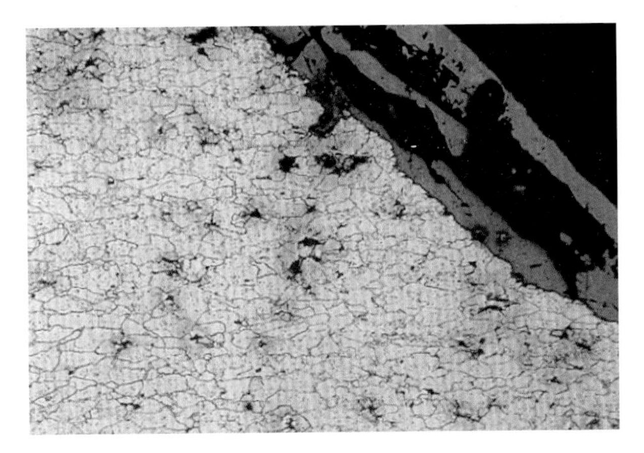

图7-9 锅炉过热器管子高温腐蚀微观形貌

案例7-7 侧墙水冷壁还原性气氛高温腐蚀

某 1000MW 超超临界机组，累计运行 4 万 h，检修宏观检查发现水冷壁两侧墙标高 23 ~ 46m 处，自中心线向前后各 4m 范围，共计面积约 $400m^2$ 的水冷壁管均不同程度地存在高温腐蚀情况，减薄厚度平均为1mm左右，离炉膛短吹灰器较近的管子减薄量较大，如图7-10所示。该水冷壁管规格为$\phi 31.8\times 7.5$mm，材质为T12。

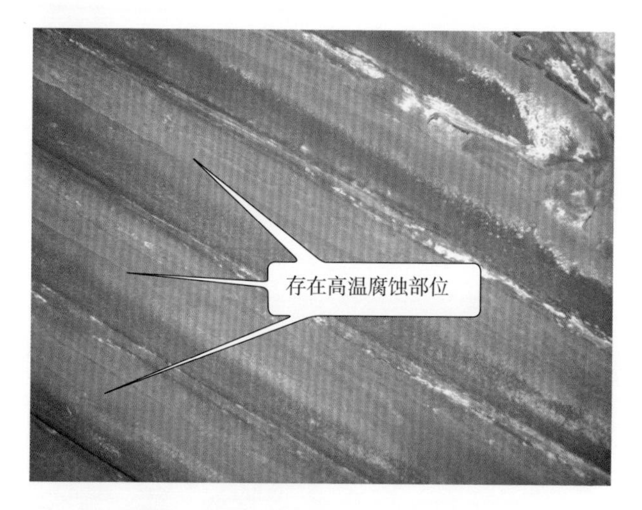

图7-10　锅炉侧墙水冷壁高温腐蚀形貌

三、原因分析

（1）从设计角度看，锅炉对燃料的适应能力有一定的范围，但煤质多变，煤种进货渠道繁杂，使燃煤或燃油中含有较高的硫、氯、钒、碱等物质，这是造成高温腐蚀的主要因素。

（2）管子的局部热负荷过高，腐蚀性的低熔点化合物贴附于管子表面，造成高温硫腐蚀。

（3）腐蚀区的覆盖物和烟气的还原性气氛有利于硫化铁的形成和硫向腐蚀前沿扩散，使腐蚀持续进行。

（4）壁温升高，烟气直接冲刷，燃烧产物中含有钒、氯、碱等物质也会促进高温腐蚀。

（5）煤粉越粗，既难着火，又难燃尽，使磨蚀性增加。

（6）受热面管内壁有沉积物时，会导致管壁温度升高，使腐蚀加快。

四、检查方法和手段

机组检修时，对锅炉向火侧的过热器管子、再热器管子和热负荷过高的水冷壁管子进行宏观检查，割管取样进行微观组织分析。

五、治理和防范措施

（1）调整燃烧，避免火焰中心偏离；降低管壁温度，防止低熔点腐蚀性化合物贴附在表面。

（2）改善炉内空气动力工况，适当增加送风量，减少烟气的还原性硫腐蚀气氛，降低高温腐蚀区域的烟气温度水平。

（3）清除管壁表面的附着物，减缓炉内结渣。

（4）在管壁上进行金属热喷涂处理。

（5）燃烧器的设计选型以及安装角度应避免造成高温火焰直接冲刷炉壁。

（6）防止管内结水垢，或产生水循环不良的现象，避免受热面热负荷局部过高。

第六节 低 温 腐 蚀

一、现象描述

煤中的硫燃烧后生成二氧化硫，二氧化硫在催化剂的作用下进一步氧化生成三氧化硫，三氧化硫与烟气中水蒸气结合形成硫酸蒸汽，凝结在温度低于烟气露点温度的金属表面上，导致发生低温腐蚀。低温腐蚀常出现在空气预热器的冷端以及给水温度低的省煤器表面，一般总是伴随着发生严重的堵灰现象。宏观特征为：受热面管子表面发生大面积溃蚀性腐蚀，腐蚀区表面凹凸不平，呈拉裂状。

二、案例图片

案例7-8 省煤器悬吊管穿顶棚上部（大包内）腐蚀

某电厂300MW亚临界机组，大包内省煤器悬吊管穿顶棚上部存在腐蚀现象，腐蚀部位在顶棚上部距顶棚密封30～100mm，沿周圈腐蚀，形成腐蚀凹坑；腐蚀程度不等，前后三排中前排腐蚀较严重，后排、中间排较轻。对腐蚀部位打磨测厚，实测最小值为5.7mm，如图7-11所示。该省煤器悬吊管规格为ϕ60×11mm，材质为20G。

图7-11　顶棚以上省煤器管子表面腐蚀坑

三、原因分析

分析造成腐蚀减薄的原因是在悬吊管该部位形成电化学反应。造成电化学腐蚀的原因有：①顶棚密封保温层结构影响，保温层下部为致密的耐火堆积料，中间层为疏松结构，已形成腐蚀氛围；②大包密闭不严，烟气、飞灰等腐蚀介质进入大包内；③机组运行中大包内存在漏汽现象，机组停运时，该部位首先冷却到露点以下结露，产生腐蚀环境；④省煤器悬吊管穿顶棚处没有加强防护。

四、检查方法和手段

机组检修时，对尾部烟道受热面及穿顶棚上部管段进行宏观检查；必要时进行厚度测量。

五、治理和防范措施

（1）提高受热面管壁温度，使壁温高于烟气露点。如提高排烟温度，开热风再循环，加暖风器提高空气预热器入口温度。此法的优点是简便易行，缺点是锅炉效率降低。

（2）控制燃煤含硫量。

（3）在烟气中加入添加剂，中和 SO_3，阻止硫酸蒸汽的产生。此法的优点是不降低锅炉效率，缺点是增加运行成本，还要清除中和生成的产物。

（4）采用低氧燃烧，减少烟气中的过剩氧，阻止和减少 SO_2 转变为 SO_3。

（5）通过检测酸露点温度，调整排烟温度，达到节能和延长锅炉寿命的最佳条件。

参考文献

[1] 张栋，钟培道，陶春虎，等. 失效分析. 北京：国防工业出版社，2008，18-19.

[2] 李正刚，林懿文，周金平. 长期运行后异种钢焊接接头组织性能研究. 热力发电，2010，39（5）：62-63.

[3] 杨首恩，刘盛波. 异种钢焊接接头的裂纹分析. 金属学热处理，2011，36：274-276.

[4] 邓金健. TP347H/T91 异种钢焊接工艺探讨. 湖南电力，2005，25（2）：17-18.

[5] 杨华春，屠勇. 超（超）临界机组锅炉钢管选材与国产化可行性. 超超临界锅炉用钢及焊接技术论文集. 2005.

[6] 赵彦芬，张路. 超超临界机组用新型耐热钢的现状及发展. 世界金属导报.